工业和信息化
人才培养规划教材

Industry And Information
Technology Training
Planning Materials

高职高专计算机系列

网页设计与制作
项目化实战教程

Web Design Project Tutorial

陈彦 张亚静 ◎ 主编
于丽娜 张晓玲 韩爱霞 ◎ 副主编
刘少坤 ◎ 主审

U0337432

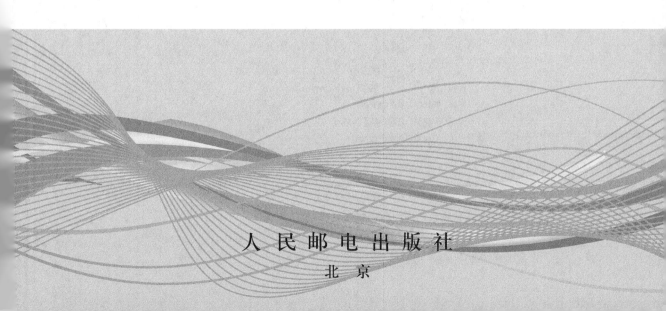

人 民 邮 电 出 版 社

北 京

图书在版编目（CIP）数据

网页设计与制作项目化实战教程 / 陈彦，张亚静主
编. -- 北京 ：人民邮电出版社，2016.2（2022.5重印）
工业和信息化人才培养规划教材. 高职高专计算机系
列
ISBN 978-7-115-41303-1

Ⅰ. ①网… Ⅱ. ①陈… ②张… Ⅲ. ①网页制作工具
—高等职业教育—教材 Ⅳ. ①TP393.092

中国版本图书馆CIP数据核字(2016)第017009号

内 容 提 要

本书介绍了网页设计与制作的基本知识和方法，内容包括赏析典型网站、创建与管理网站站点、
设计和制作网站首页、制作网页特效、设计和制作网站二级页面、制作网站后台管理页面、网站测
试与发布以及综合项目实战。本书采用两大真实项目贯穿始终，按照网站设计制作的主要流程编排
知识点，每个项目都提供课堂练习和独立实践任务，涵盖了网站应用的各个领域。

本书适合作为高职高专院校网页设计与制作课程的教材，也可供读者自学参考。

◆ 主 编 陈 彦 张亚静
　　副 主 编 于丽娜 张晓玲 韩爱霞
　　主 审 刘少坤
　　责任编辑 桑 珊
　　责任印制 杨林杰

◆ 人民邮电出版社出版发行　北京市丰台区成寿寺路 11 号
　　邮编 100164　电子邮件 315@ptpress.com.cn
　　网址 http://www.ptpress.com.cn
　　固安县铭成印刷有限公司印刷

◆ 开本：787×1092　1/16
　　印张：16.5　　　　　　　　2016 年 2 月第 1 版
　　字数：429 字　　　　　　2022 年 5 月河北第 15 次印刷

定价：39.80 元

读者服务热线：(010)81055256　印装质量热线：(010)81055316
反盗版热线：(010)81055315

前言 FOREWORD

网页设计及制作技术是高职高专计算机专业的一门专业必修课。通过对该课程的学习，学生能够熟练掌握 HTML、CSS 和 JavaScript 的基本知识；灵活运用 DIV+CSS 布局方式搭建网页布局；熟练使用网页制作开发工具；掌握网站建设的基本方法和技巧，为后续的动态网站开发课程打下良好的基础。

在"互联网+"时代，新技术和各个行业不断融合，教育业领域也进行着深刻的变革。我们的教材遵循 Web 标准的网页制作方法，力求将新的技术和应用融入到项目中，深入浅出地传递给学生。本书采用真实的项目化教学案例，将网页设计和制作的理念、知识、技能融入项目中，注重理论和实践相结合，让学生从项目中汲取知识。

本书有以下几大特点。

（1）采用两大真实项目贯穿始终，一主一辅，侧重于综合职业能力与职业素养的培养，将设计理念、创作理念与知识进行整合，融"教、学、做"为一体，摒弃了传统的 HTML 占据静态网页核心部分的设计思想，以 CSS+DIV 主导项目内容，融合 HTML 知识实施项目。

（2）本书在知识编排上进行了创新，按照网站设计制作的主要流程（网站需求分析及策划、网站设计与制作、测试发布）来编排知识点，提高学生的职业岗位能力。

（3）本书在每个章节都提供课堂练习和独立实践任务，让读者通过课堂练习加深对知识点的理解，通过独立实践任务提高动手能力。

（4）本书项目涉及门户网站、电商网站、企业网站和移动端网站，涵盖了目前网站应用的各个领域，网站类型丰富且具有代表性。

（5）本书内容与时俱进，结合移动端电子书籍网站的制作引入了 HTML 5+CSS 3 新技术，介绍了最新的 HTML 5 的相关知识和应用。

本书共分为 8 个项目，每个项目包含项目实施环节和学生实践环节。本书由河北工业职业技术学院刘少坤任主审，陈彦、张亚静任主编，于丽娜、张晓玲、韩爱霞任副主编，张国娟参与编写。其中，项目 1 由韩爱霞编写；项目 2 由张晓玲编写；项目 3 和项目 5 由陈彦编写；项目 4 和项目 6 由张亚静编写；项目 7 由张国娟编写；项目 8 由于丽娜编写。

前言 FOREWORD

　　为了便于教学，本书提供了与教材配套的电子教案、PPT 课件、习题答案、原始素材和最终网站项目效果文件，读者可登录人民邮电出版社教学服务与资源网（www.ptpedu.com.cn）免费下载使用。

　　由于编者水平有限，书中难免存在许多不足之处，敬请读者批评指正。

编者

2015 年 11 月

目录 CONTENTS

目录 CONTENTS

目录 CONTENTS

项目 ① 赏析典型网站

在设计一个网站之前，需要考虑的因素很多，从开始网站的定位，网站框架，资料收集，到具体制作中的设计，再到最后的调试、发布。这是一个环环相扣的完整过程。其中，设计网站时最重要的两大部分——整体风格和创意设计，是一个网站生存的关键。那么，怎样才能提高自己的创意能力和建站水平呢？首先，必须学会赏析优秀网站。

通过学习本项目，应达到以下学习目标。

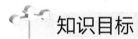

知识目标

（1）了解优秀网站的布局结构。
（2）了解优秀网站的色彩搭配。
（3）了解网页常见组成元素。

技能目标

（1）具备分析优秀网站布局结构、色彩搭配的能力。
（2）具备收集、分析、归纳整理资料的能力。

1.1 任务描述：欣赏并解析典型网站

在学习创建、制作网页之前，我们一定要多欣赏一些优秀的网站，对这些网站的页面进行分析，了解优秀网站的界面设计、布局结构、色彩搭配、交互设计等，学习他人之长，激发学习网页设计的兴趣，为学习网页设计奠定基础。

1.2 任务准备

1.2.1 网页制作相关概念

1. WWW 简介

万维网（World Wide Web，WWW），简称 Web，是一个由许多互相链接的超文本组成的系统，可通过互联网访问。WWW 的系统结构采用的是客户/服务器结构模式。客户端通过浏览器就可以非常方便地访问 Internet 上的服务器端，并迅速地获得所需的信息。

2. 网页

构建 WWW 的基本单位是网页，网站发布后，用户通过网页浏览器来浏览网页。

我们在浏览网页时，当鼠标指针指向某段文本或是某个图像时，鼠标指针变成小手状，单击鼠标可以打开其他的网页或是跳转到其他的网站，这就是超链接，如图 1-1 所示。采用超链接技术可以将不同的网站、网站中的不同网页、网页中的不同位置彼此串在一起，实现相互间的跳转，方便信息的浏览和查找。人们通过超链接可以方便、快速地访问分布于全球计算机上的海量资源，从而实现在互联网中的漫游。超链接能使 Web 服务存在广泛和持久的生命力，它可以说是 Web 的灵魂。

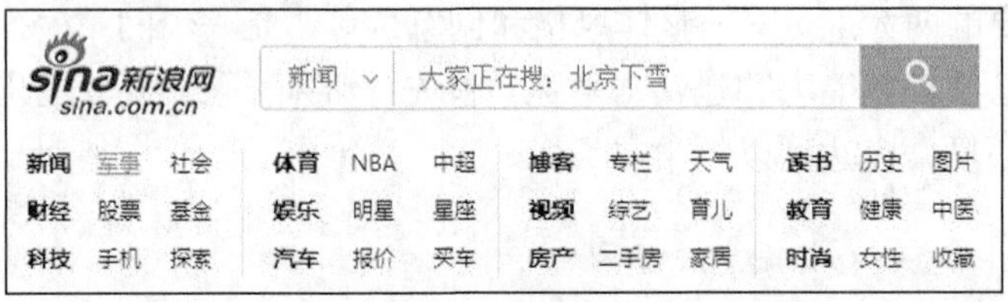

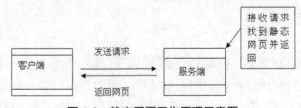

图 1-1　超级链接

网页中鼠标单击超级链接，就可以跳转到相应的其他文件，从而获得相应的信息，也就构成了 WWW 纵横交织的网状结构。

3. 网站

网站是相关网页的集合，在 Internet 上通过超级链接关联到一起的一系列网页，从逻辑上被视为一个整体，称之为网站，网站是一组具有相关主题、拥有类似设计、链接文档和资源的集合。

一个站点的起始页面通常称之为"主页"或"首页"，主页可以看做是一个网站中所有主要内容的索引。访问者可以按照主页中的分类，快速找到自己想要的信息内容。因此，主页的好坏在很大程度上决定了这个网站的访问情况。一般主页的名称是网站主机提供的缺省文件名，如 index.html 或 default.html。

4. 静态网页与动态网页

网页大致分为两种类型，即静态网页和动态网页。静态网页是指其内容是预先确定的，没有后台数据库，不可交互的网页。你编写的是什么，它就显示什么；Web 服务器不需要执行程序，直接把静态网页发送给客户端，由浏览器解释执行即可显示页面。静态网页文件后缀名以 html 或 htm 等形式出现，俗称 HTML 文件。静态网页工作原理如图 1-2 所示。

图 1-2　静态网页工作原理示意图

动态网页中含有服务器端代码。这里的"动态"是指页面提供用户功能，用户可以与页面产生交互功能。动态页面需要由 Web 服务器对服务器端代码进行解释执行生成客户端代码，然后将该代码发送给客户端，再由浏览器解释并执行。动态网页工作原理如图 1-3 所示。常用的动态网站技术有 ASP、PHP、JSP、ASP.NET 等。

图 1-3 动态网页工作原理示意图

从网站浏览者的角度看，无论是动态网页还是静态网页，都可以展示基本的文字、图片、动画、视频等信息；但是从网站的开发、管理、维护的角度来看，差别很大。

静态网页的特点：没有数据库的支持，交互性较差。

动态网页的特点：每一个网页根据请求的不同，可显示不同的内容，具有数据库支持，交互性强。

5. HTML 语言

超文本标记语言（HyperText Markup Language，HTML），是一种网页制作的排版语言，制作的网页以.htm 或.html 为文件扩展名，它支持丰富的样式表、脚本、框架、表格和表单等多种网页元素，可以嵌入 JavaScript 语言等。

6. URL

统一资源定位器（Uniform Resource Locator，URL），当互联网中某种信息资源以某种方式存储在网络中的某处时，必须用一个唯一的 URL 来进行标识，这样才能方便查找。对于 Web 来说，可以简单并通俗地把 URL 理解为网址。每个 Web 网页都有自己的网址，在浏览器地址栏里输入网页的 URL，就可以访问这个网页，例如，当我们在地址栏中输入网址"http://www.sina.com/index.html"时，其意思就是采用 http（超文本传输协议）访问新浪网的首页，由于网页均是通过 http（超文本传输协议）进行访问，所以默认情况下"http://"可以省略不写。

7. IP 地址

为了使互联网上的计算机主机在通信时能够相互识别，必须给每台计算机分配一个 IP 地址作为网络标识，这如同公用电话网中电话号码一样。IP 地址是由专门的互联网机构来分配。IP 地址具有唯一性，每个连接在 Internet 上的主机都有一个在全世界范围内唯一的一个地址，它由 32 位二进制数组成，分为 4 组，每组 8 位，每组之间用小数点分隔；在实际应用中常转换成十进制数表示。

8. 域名

同 IP 地址一样，域名也表示一个单位、机构或个人在网上的一个确定的名称或位置，不同的是，域名用字符来表示。它比 IP 地址有亲和力，容易被人们记住，且人们乐于使用，域名地址和 IP 地址是一一对应的。

通常域名表示为"主机名.…….二级域名.一级域名",例如,新浪网的 Web 服务器域名地址为"www.sina.com.cn"。

1.2.2　网页构成的基本元素

阅读报刊杂志时,用户看到的主要是文字和图片;看电视的时候,用户看到的和听到的更多的是视频和音频。每一种媒体都包含许多元素。构成网页的基本元素是什么呢?任何一个网页,组成的最基本元素主要是文本、图像、动画、音频、视频、表单和表格等。

1．文本

网页中的信息以文本为主。文本一直是人类最重要的信息载体与交流工具,网页中的信息也以文本为主。文本在网页中的主要功能是显示信息和超级链接,文本通过具体内容与不同格式来展现信息,如字体、字号、颜色、底纹和边框等。

2．图像

采用图像可以减少纯文字给浏览用户带来的枯燥感,图像在网页中的主要功能是提供信息、展示作品、装饰网页、表现风格和超级链接。

网页中使用的图像主要有 GIF、JPEG、PNG 等格式。

文本和图像是网页中两个最基本的构成元素,也是每个网站最基本的元素。

3．动画

动画实质上是动态的图像。网页中使用较多的动画是 GIF 动画与 Flash 动画。在网页中引入动画可以有效吸引浏览者的注意。动画在网页中的主要功能是提供信息、展示作品、装饰网页、动态交互。

4．音频和视频

将多媒体引入网页,可以在很大程度上吸引浏览者的注意。音频格式主要有 MIDI、WAV、MP3 等。视频在网页上有着其他媒体不可代替的优势,视频传达的信息形象生动,能给人深刻的印象,常见的视频格式有 FLV、AVI、WMV 等格式。

5．表单

表单是用来收集访问者信息或实现一些交互功能的网页,它是网站实现互动功能的重要组成部分。表单利用一些控件(文本框、密码框、单选按钮、复选框、下拉菜单等)来获取用户输入的信息,完成用户与网站的交互功能。

1.2.3　网页的布局类型

网页的版面布局主要指网站主页的版面布局,其他网页应该与主页风格基本一致。为了达到最佳的视觉效果,应考虑布局的合理性,版面布局是整个页面制作的关键。

常见的页面布局形式有"国"字型、"厂"字型、"封面"型、Flash 型和变化型等布局。

1．"国"字型布局

"国"字型布局也可以称为"同"字型,如图 1-4 所示,它是一些大型网站常用的类型,即最上面是网站的标题以及横幅广告条,接下来就是网站的主要内容,左右分别列出一些内容，中间是主要部分，底部是网站的一些基本信息、联系方式、版权声明等。这种结构是网站布局较为常见的一种结构类型。

图1-4 "国"字型布局

2."厂"字型布局

"厂"字型布局结构与"国"字型布局很相近，如图 1-5 所示。其页面顶部为标志和广告条，下方左面为主菜单，右面显示正文信息，底部也是网站的一些基本信息。

图 1-5 "厂"字型布局

3."封面"型布局

"封面"型布局一般应用在网站的首页，如图 1-6 所示，它多为精美的平面设计结合一些动画的形式，配上简单的链接或仅仅是一个"进入"的链接按钮。这种布局给人带来赏心悦目的感觉。

图 1-6 "封面"型布局

4．Flash 型布局

Flash 型布局与"封面"型布局结构相似，如图 1-7 所示，不同的是，它采用了 Flash 技术，显得动感十足，从而大大增强了页面的视觉效果。

这种布局是指整个网页就是一个 Flash 动画，它本身就是动态的，画面一般比较绚丽、有趣，它是一种比较新潮的布局方式，借助了 Flash 强大的功能，使页面所表达的信息更丰富。它的视觉效果及听觉效果如果处理得当，将会是一种非常有魅力的布局。

图 1-7 "Flash"型布局

5．变化型布局

变化型布局的特点就是基于网站设计者的经验，把上面的几种布局形式结合起来使用，是上面几种类型的结合与变化。

1.2.4　网站风格定位

网站整体风格指的是网站的整体形象给浏览者的综合感受，包括网站上的所有元素（布局、标志、色彩、字体、页面布局、色彩搭配、浏览方式、交互性等）组成后给人的视觉印象。

风格是抽象的，比如我们觉得"网易"门户网站是平易近人的，迪士尼网站是生动活泼的，IBM 网站是专业严肃的，这些都是不同网站给人留下的不同感受。

一般网页风格有 3 个基本要素，它们是颜色、线条和形状、版式。

1．协调运用颜色

不同的色彩影响着人们对网站的第一感觉，例如，红色系象征着激烈、兴奋；灰色系象征着平淡和低调；黄色显得华贵、明快；白色系能给人以纯洁的感觉，表示和平与圣洁等。

颜色的使用并没有一定的规则，经验上可以先确定一种能表现主题的主题色，如图 1-8 所示，它以暖橘色作为网站主色调，然后根据具体的需要，用颜色的近似和对比来完成整个页面的配色方案。整个页面从视觉上应是一个整体，以达到和谐、悦目的视觉效果。

图 1-8　网站配色方案

2．适当选择线条和形状

文字、标题、图片等的组合会在页面上形成各种各样的线条和形状。这些线条与形状的组合，构成了主页的总体艺术效果。在制作过程中，必须注意艺术地搭配好这些线条和形状，才能增强页面的艺术魅力，如图 1-9 所示。

图 1-9　网站线条和形状设计方案

3．均衡的分割版式

在网页设计中，页面因为内容元素的需要被分割成很多区块，区块之间的均衡就是版式设计上需要着重考虑的问题，如图 1-10 所示。均衡并非简单理性地等量不等形的计算，一幅好的、均衡的网页版面设计，是布局、重心、对比等多种形式原理创造性全面应用的结果，它是对设计师的艺术修养、艺术感受力的一种检验。

图 1-10　网站分割版式设计方案

在明确网站整体设计风格后，再找出网站中最有特色的东西，就是最能体现网站风格的东西，并以它作为网站的特色加以重点强化、宣传。

1.2.5　网站开发流程

一个网站的建设需要把很多细节结合在一起，只有把各步骤有序地完成，才能建成一个完整的网站，网站开发主要流程如图 1-11 所示。

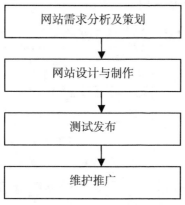

图 1-11　网站开发主要流程

9

1. 网站需求分析及策划阶段

在接到项目后，首先需要对网站的需求进行分析，不同类型的网站设计也不一样，需要做一个合理的规划，规划好需要实现的功能，设计好适合的版式类型和主要的面对用户群，这都是网站初期要计划好的。这时要做好素材的搜集，网站中需要的内容、文字、图片等信息的收集，都是在建站时提前做好准备的。

这一阶段主要任务主要有以下几个方面。

（1）确定站点的主题

主题应该突出，什么样的网站应该有什么样的设计。设计是为主题服务的，既要"美"又要实现"功能"。一般来说，设计者可以通过网页的视觉秩序、空间层次、主从关系来鲜明地突出主题。

（2）确定站点的整体风格

风格是相对抽象的，指的是站点的整体形象给人的综合感受，包括站点的色彩、标志、字体、标语、版面布局、交互性等诸多元素。

（3）站点的主色调

根据总体风格的要求，确定出站点的一两个主色调，如果有企业形象识别系统（CIS）的，应该按照其中的视觉识别（Visual Identity，VI）进行色彩运用。

2. 网站设计与制作阶段

完成网站需求分析及策划，就要开始建设网站了。建设网站主要分前台和后台两大模块。前台网站设计根据网站类型及面向人群来设计网站的版面，版面不宜太过杂乱，一定要简洁，保证用户体验，让访问者对整体设计有好感。建设后台就较为复杂了，要用较为复杂的程序整合前台，完成特定的功能。

这一阶段的主要任务包括以下几个方面。

（1）规划站点文件的目录结构

将本站点用到的各类素材和文件分门别类地组织，并放到相应的文件夹下，这就构成了网站文件的目录结构，如图 1-12 所示。

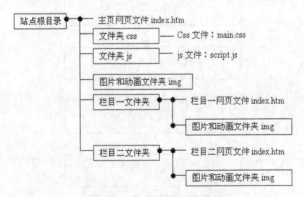

图 1-12　站点文件目录结构

（2）设计各级页面

根据需求分析来规划页面的尺寸和整体造型，包括网站标题与标识、导航设计、内容设计、页脚版权设计等。此阶段可借助草图的形式进行规划设计。

（3）制作页面

制作页面，主要关键点是实现网页的页面布局。首先采用 DIV+CSS 布局方式实现页面布局，其次将网页中的各种元素放置在 DIV 中，成为网页的主体，样式通过 CSS 来完成。本书将重点详细介绍采用 DIV+CSS 布局方法来制作网页。

（4）添加后台程序

为了实现一些网页数据的交互，还需要编写相应的网页代码实现动态功能，本书不涉及这部分内容。

3. 测试发布阶段

完成网站设计及制作之后，就形成了一个网站的雏形，不过这时的网站还是不够完善，需要对网站从用户体验的角度进行测试评估，逐步完善后，就可以把网站传到虚拟主机空间里，这时访问域名就可以正式访问网站了。

4. 维护推广阶段

一个好的网站，不是一次性就可以制作完成的，网站在运行过程中也许还有没发现的漏洞等，在网站上线之后，还要继续改善网站的不足。维护主要针对网站的服务器、网站安全、网站内容等。此时站内工作基本完成，接下来要做的是站外推广工作，可以针对百度搜索引擎对网站进行推广，还可以在其他网络平台进行互联网推广。

1.2.6 Dreamweaver 开发工具介绍

工欲善其事，必先利其器。在网站开发过程中，经常要通过一些工具辅助网页的设计和开发，好的开发工具可以使网页设计事半功倍。目前比较流行的网页设计软件有 Sublime、Dreamweaver、Editplus、Notepad++等。由于 Dreamweaver 是一款所见即所得的开发工具，便于初学者学习和使用，因此本书所有案例将采用 Dreamweaver 进行开发。下面将详细介绍 Dreamweaver 工具的使用。

1. 发展概况

Adobe Dreamweaver（DW）中文名称"梦想编织者"，起初是由美国 Macromedia 公司开发的集网页制作和管理于一身的所见即所得网页编辑器，DW 是第一套针对专业网页设计师特别开发的视觉化网页开发工具，利用它可以轻而易举地制作出跨越平台限制和跨越浏览器限制的充满动感的网页。Macromedia 公司成立于 1992 年，2005 年被 Adobe 公司收购。Adobe Dreamweaver 使用所见即所得的接口，具有 HTML（标准通用标记语言下的一个应用）编辑的功能。它有 Mac 和 Windows 系统的版本。Macromedia 被 Adobe 收购后，Adobe 也开始计划开发 Linux 版本的 Dreamweaver。Dreamweaver 自 MX 版本开始，使用了 Opera 的排版引擎"Presto"作为网页预览。

Dreamweaver CS3 是 Adobe 公司收购 Macromedia 公司后最新推出的 CreativeSuite3 设计套装中用于网页设计与制作的组件。作为全球最流行、最优秀的所见即所得的网页编辑器，Dreamweaver 可以轻而易举地制作出跨操作系统平台，跨浏览器的充满动感的网页，是制作 Web 页站点、Web 页和 Web 应用程序开发的理想工具。Dreamweaver、Fireworks 和 Flash 被称为网页制作的"三剑客"。这三款工具相辅相承，是制作网页的最佳拍档之一。Adobe Dreamweaver 的最新版本是 Adobe CC，这个版本只能运行在 Windows7、Windows8 及更高版本的平台上，为了便于不同操作系统的网页爱好者更方便地学习 Dreamweaver，本书中采用 Adobe Dreamweaver CS6 版本进行案例讲解。

Dreamweaver 作为一款专业的网页开发工具，比较容易入门，这具体表现在两个方面：一是静态页面的排版，二是交互式网页的制作，而且它很容易链接到 Access、SQL Server 等后台数据库，因此 Dreamweaver 在网页制作领域得到了广泛应用。

2．界面介绍

关于软件的安装，本书不再赘述，大家可以下载安装版，也可以使用绿色版。软件安装完成后，双击桌面上的 Dreamweaver 图标，进入 Dreamweaver 的工作界面，如图 1-13 所示。工作界面包括 3 个主要部分，一是"打开最近的项目"，二是"新建"，三是"主要功能"。当我们对界面比较熟悉之后，我们可以通过单击下面的"不再显示"选项框关闭此欢迎屏幕。

图 1-13　Dreamweaver 欢迎屏幕

为了统一工作环境，选择【窗口】/【工作区布局】/【经典】命令进行环境设置，如图 1-14 所示。

图 1-14　设置工作环境为经典模式

选择【文件】/【新建】命令（或按 Ctrl+N 组合键）打开新建文件对话框，如图 1-15 所示。

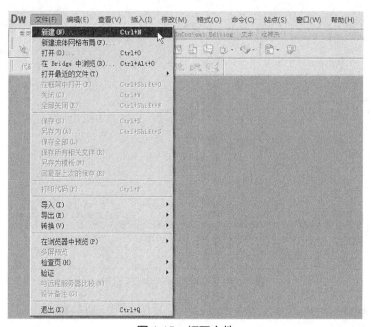

图 1-15　打开文件

弹出"新建文件"对话框，选择"页面类型"为"HTML"，在"文档类型"下拉列表中选择"XHMTL 1.0 Transitional"项，如图 1-16 所示；单击"确定"按钮，新建一个网页文件。

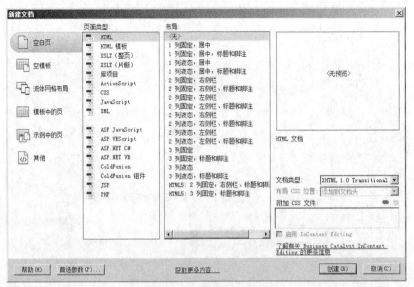

图 1-16 "新建文件"对话框

Dreamweaver 的主界面包括 6 个部分，分别是菜单栏、插入面板、文档工具栏、文档窗口、属性面板及其他常用浮动面板，各部分布局如图 1-17 所示。

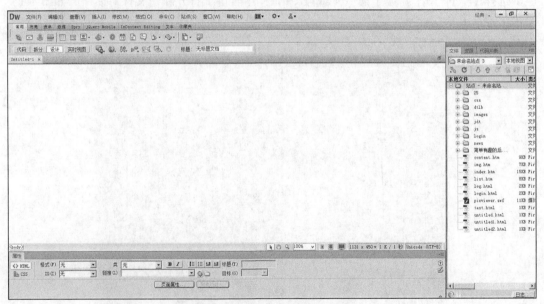

图 1-17 Dreamweaver 主界面

下面对 Dreamweaver 主界面的 6 个部分进行详细介绍，具体如下。

（1）菜单栏

Dreamweaver 的菜单栏包括文件、编辑、查看、插入、修改、格式、命令、站点、窗口和帮助 10 个菜单栏。各个菜单项的介绍如下。

- "文件"菜单：包含"新建""打开""保存""保存全部"，还包含各种其他命令，用于查看当前文档或对当前文档执行操作，例如"在浏览器中预览""打印代码"等。
- "编辑"菜单：包含选择和搜索命令，例如"选择父标签"和"查找和替换"。"编辑"菜单还提供对 Dreamweaver 菜单中"首选参数"的访问。
- "查看"菜单：可以看到文档的各种视图，例如"设计"视图和"代码"视图，并且可以显示和隐藏不同类型的页面元素和 Dreamweaver 工具及工具栏。
- "插入"菜单：提供"插入"栏的具体项，用于将对象插入网页文档。
- "修改"菜单：更改选定页面元素或项的属性。使用此菜单，可以编辑标签属性、更改表格和表格元素，并且为库选项和模板执行不同的操作。
- "格式"菜单：可以轻松地设置文本的格式和样式。
- "命令"菜单：提供对各种命令的访问。
- "站点"菜单：提供用于管理站点以及上传和下载文件的菜单项。
- "窗口"菜单：提供对 Dreamweaver 中的所有面板、检查器和窗口的访问。
- "帮助"菜单：提供对 Dreamweaver 文档的访问，包括关于使用 Dreamweaver 以及创建 Dreamweaver 扩展功能的帮助系统，还包括各种语言的参考材料。

（2）插入面板

Dreamweaver 的插入面板包含用于创建和插入对象的按钮。这些按钮也可以通过菜单中的命令来实现。插入面板包含了经常用到的网页元素，如图片、超链接、邮件、表格、媒体等，如图 1-18 所示。

图 1-18　插入面板

还可以单击插入面板上的不同类别进行切换，包括布局类别、表单类别、数据类别、Spry 类别、InContext Editing 类别、文本类别、收藏夹类别等，常用类别具体描述如下。

- 常用类别：用于创建和插入最常用的对象，例如图像和表格。
- 布局类别：用于插入表格、表格元素、div 标签、框架和 Spry Widget。还可以选择表格的两种视图：标准（默认）表格和扩展表格。
- 表单类别：包含一些按钮，用于创建表单和插入表单元素（包括 Spry 验证 Widget）。
- 数据类别：可以插入 Spry 数据对象和其他动态元素，例如记录集、重复区域以及插入记录表单和更新记录表单。
- Spry 类别：包含一些用于构建 Spry 页面的按钮，包括 Spry 数据对象和 Widget。
- InContext Editing 类别：包含生成 InContext 编辑页面的按钮，包括用于可编辑区域、重复区域和管理 CSS 类的按钮。
- 文本类别：用于插入各种文本格式和列表格式的标签，如 b、em、p、h1 和 ul。
- 收藏夹类别：用于将"插入"面板中最常用的按钮分组和组织到某一公共位置。

● 服务器代码类别：仅适用于使用特定服务器语言的页面，这些服务器语言包括 ASP、CFML Basic、CFML Flow、CFML Advanced 和 PHP。这些类别中的每一个都提供了服务器代码对象，使用者可以将这些对象插入"代码"视图中。

（3）文档工具栏

Dreamweaver 的文档工具栏包含的按钮，可以在文档的不同视图之间快速切换。工具栏中还包含一些与查看文档、在本地和远程站点间传输文档有关的常用命令和选项，如图 1-19 所示。

| 代码 | 拆分 | 设计 | 实时视图 | 标题：无标题文档

图 1-19　文档工具栏

要显示或隐藏文档工具栏，可以通过【查看】/【工具栏】/【文档】命令进行。文档工具栏中的常用按钮描述如下。

● 显示代码视图：只在"文档"窗口中显示"代码"视图。
● 显示代码和设计视图：将"文档"窗口拆分为"代码"视图和"设计"视图。如果选择这种组合视图，则"查看"菜单中的"顶部的设计视图"命令选项变为可用。
● 显示设计视图：仅在"文档"窗口中显示"设计"视图。
● 实时代码视图：在代码视图中显示实时视图源。单击"实时代码"按钮时，也会同时单击"实时视图"按钮。
● 检查浏览器兼容性：用于检查 CSS 是否对于各种浏览器均兼容。
● 实时视图：显示不可编辑的、交互式的、基于浏览器的文档视图。
● 打开实时视图和检查模式：单击"检查"按钮，可以打开视图和检查模式。方便检查网页的内容。
● 在浏览器中预览/调试：允许在浏览器中预览或调试文档。从弹出菜单中选择一个浏览器。
● 可视化助理：可以使用各种可视化助理来设计页面。
● 刷新设计视图：在"代码"视图中对文档进行更改后刷新该文档的"设计"视图。在执行某些操作（如保存文件或者单击此按钮）之后，在"代码"视图中所做的更改才会自动显示在"设计"视图中。
● 文档标题：允许为文档输入一个标题，它将显示在浏览器的标题栏中。如果文档已经有了一个标题，则该标题将显示在该文本框中。
● 文件管理：显示"文件管理"弹出菜单。包含一些在本地和远程站点间传输文档有关的常用命令和选项。

（4）文档窗口

Dreamweaver 的文档窗口是最主要的工作区，它将显示所有打开的网页文档。单击文档工具栏的"代码""拆分""设计" 3 个按钮，可以在文档窗口内显示不同视图下的显示状态，如图 1-20 所示，按下"拆分"视图时，文档窗口的显示左侧为代码区，右侧为视图区，在实际应用过程中，可以根据开发者的使用习惯和实际情况进行视图切换，从而达到便于设计的目的。

图 1-20　文档窗口

（5）属性面板

Dreamweaver 的属性面板可以检查和编辑当前页面选定元素的最常用属性，如文本和插入的对象。属性面板的内容根据选定元素的不同会有所不同。如果选择了页面上的图片，则属性面板会显示为该图片的相关属性，如源文件路径、宽、高等属性。此时可以通过修改属性面板的显示值，最终达到修改图片属性的目的，如图 1-21 所示。

图 1-21　"属性"面板

3. 设置测试浏览器

网页在制作完成后，需要在不同的用户浏览器上显示。由于网页的兼容性问题，在网页设计和开发的测试阶段要完成主流浏览器的测试，以满足绝大多数用户的需求。因此，Dreamweaver 的开发环境中，至少要安装 IE 浏览器、火狐浏览器和谷歌浏览器 3 个主流浏览器。下面以安装火狐浏览器为例进行设置测试浏览器的讲解。

（1）下载安装浏览器

从百度软件中心下载火狐浏览器，用户也可以从其他资源处下载，如图 1-22 所示。

图 1-22　火狐浏览器资源界面

下载完成后，双击下载的可执行文件，安装火狐浏览器。

（2）添加测试浏览器

启动 Dreamweaver，在"文档工具栏"中选择"在浏览器中浏览/调试"下拉列表中的"编辑浏览器列表"，如图 1-23 所示。单击"+"，添加新的测试浏览器。一般将火狐浏览器设置为主浏览器，IE 浏览器和谷歌浏览器则设置为次浏览器。

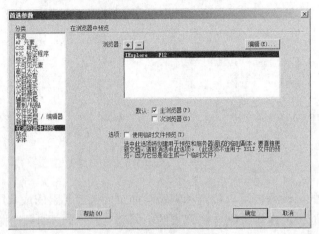

图 1-23　首选参数界面

4．创建一个测试页面

Dreamweaver 环境了解和设置完成后，下面将通过一个欢迎页面熟悉 Dreamweaver 的工作环境。

（1）新建 HTML 页面

选择【文件】/【新建】命令，新建一个 HMTL 页面，选择【文件】/【保存】命令，保存为"index.html"，对文件进行保存。

（2）添加网页素材

在设计视图下，选择【插入】/【图像】命令，选择要插入的图片，如图 1-24 所示，单击"确定"按钮即可。

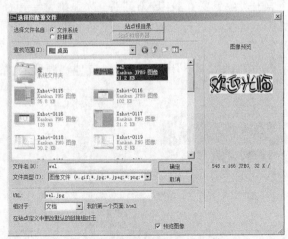

图 1-24　"选择图像源文件"对话框

（3）测试查看网页效果

在"文档工具栏"中选择"在浏览器中浏览/调试"下拉列表中的"预览在 IExplore"，或者单击键盘上的 F12，查看页面在浏览器中的显示效果。

1.3 任务实施

1.3.1 赏析各种类型网站

网站可以分成多种类型，分类方法也有多种。根据网站的用途分类，有门户网站（综合网站）、行业网站、娱乐网站等；根据网站的持有者分类，有个人网站、商业网站、政府网站等；根据网站的商业目的分类，有营利型网站和非营利型网站。

鉴赏一个网站，我们一般从以下两个方面着手，一是网站的主题。所谓网站的主题是指网站向大众或特定的人群传达的主要内容或建立网站的意图。第二就是网站的首页。所谓网站的首页，是指打开一个网站后看到的第一页。

1. 赏析综合性门户网站（http://www.sina.com.cn/）

综合性门户网站资源比较丰富，内容比较综合。其中，新浪网作为中国互联网门户网站的领航者，是中国网民上网冲浪的常用门户网站。新浪网站首页如图 1-25 所示。

新浪网站首页的布局是典型的"国"字型布局，整体设置大方得体，具有门户风范。

网站首页风格是典型的实用主义风格，从页面的分割上可以很明确地感到这一点。除了左侧的要目提示和顶端的导航条使用了新浪的标志性黄色以外，其他的版块均未使用抢眼的色彩，整体风格明朗化，给人实在的感觉。

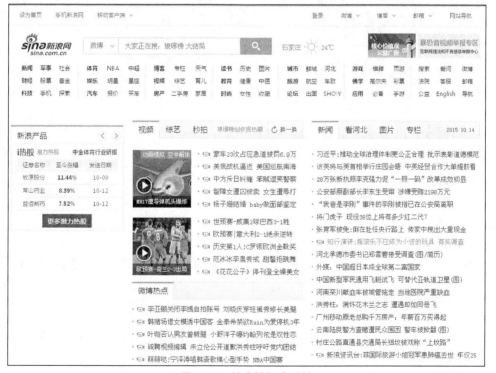

图 1-25 综合性门户网站

2. 赏析电子商务型网站（https://www.taobao.com/）

随着国内 Internet 使用人数的增加,利用 Internet 进行网络购物的消费方式已逐渐流行,市场份额也在迅速增长,电子商务网站也随之层出不穷,其中,淘宝网的发展成为成功的典范。

淘宝电子商务网站首页如图 1-26 所示。

淘宝网页面布局:从页面布局来分析,页面顶部是主导航栏,左右两侧是二级导航条、登录区、搜索区等,中间是主内容区,底部是友情链接及版权信息。

淘宝网站风格:整体风格给人充满活力又不失稳重、严谨、可靠。色彩运用以橙色为主色调,是令人振奋的色彩,很容易感染浏览者的情绪,提升浏览者的购买欲望。

图 1-26　商务类网站

3. 赏析校园系部信息网站（http://jsjx.hbcit.edu.cn/）

校园网是各种类型网络中一大分支,它有着非常广泛的应用。门户网站在各个领域的影响作用日益增强,每个学校、每个系部都应该有自己精彩的门户网站。随着时代的进步,信息的社会化,学校作为教育的前沿地带,校园系部信息网站的建设有着重要的意义。某学院计算机系网站首页效果图,如图 1-27 所示。该系部网站首页的整体布局为“上、中、下”3 个大板块,中间主体版块又分为“左、右”两个版块。

该网站风格定位以蓝色为主色调,通过调整单一色彩的饱和度和透明度使得主体蓝色产生变化,在蓝色中搭配白色,增加了网站视觉的层次感,给人以清新、爽朗的感觉。

图 1-27 某学院计算机系网站首页效果图

学习网站建设，从一开始就要学会登录不同类型网站，欣赏优秀网页设计，为学习制作网站奠定基础。

1.3.2 讨论 Web 技术发展

1. Web 技术

Web 技术指在网络上应用各种技术实现和完成的各种服务功能和客户浏览的开发技术。Web 技术提供一个可以突破时空局限，交流各种信息的互动平台，使得用户无论身在何处，都能够通过网络充分共享全社会的智慧。

2. Web 技术的发展

（1）Web 1.0

Web 1.0——信息共享：Web 1.0 是以编辑为特征，大量使用静态的 HTML 网页来发布信息，并开始使用浏览器来获取信息，此时主要是单向的信息传递。通过 Web，互联网上的资源，可以在一个网页里被比较直观地表示出来；而且在网页上，资源之间可以任意链接。Web1.0 只解决了人对信息搜索、聚合的需求，而没有解决人与人之间沟通、互动和参与的需求。

（2）Web 2.0

Web 2.0——信息共建：Web1.0 的主要特点在于用户通过浏览器获取信息，用户是网络信息的使用者；而 Web 2.0 更注重用户的交互性，用户不仅是网站使用者和信息接受者，更重要的是能参与其中，成为信息内容的制造者。在 Web 2.0 时代，用户不再是单纯的信息消费，而是开始拥有了信息生产者的权利。用户在网络空间的信息传播行为，展现自我信息和观点的同时，也无形中影响了社会信息传播和舆论导向。

（3）Web 3.0

Web 3.0——知识传承：Web 3.0 是 Web 2.0 的进一步发展和延伸，它把散布在 Internet 上的各种信息点以及用户的需求点聚合和对接起来，通过在网页上添加元数据，使机器能够理解网页内容，从而提供基于语义的检索与匹配，使用户的检索更加个性化、精准化和智能化。

（4）Web 4.0

Web 4.0——知识分配：从 Web 3.0 开始，网络就具备了即时特性，即人类可以随心所欲地获取各种知识，当然这些知识都是其他人即时贡献出来的。但人们并不知道自己应该获取怎样的知识，即自己适合于学习哪些知识。比如一个 10 岁的孩子想在 20 岁的时候成为一名生物学家，那么他应该怎样学习知识呢？这些问题就是 Web 4.0 的核心——知识分配系统所要解决的问题。

（5）Web 5.0

Web 5.0——语用网：技术的发展虽然令人眼花缭乱，但其背后的本质却十分简单。现有的计算机技术都是图灵机模型，简单地讲，图灵机就是机械化、程序化，或者说算术，以数据和算符（算子）为二元的闭合理论体系。图灵机是研究和定义在数据集上的算子规律或法则的数学科学。在网络世界里，这个封闭系统都要联合起来，成为一个整体，即所谓的整个网络成为一台计算机系统。而这台计算机就不再是图灵机，而是 Petri 网了。Petri 曾经说过，实现 Petri 网的计算机系统技术叫语用学。因此语用网才是这台计算机的技术基础。

（6）Web 6.0

Web 6.0——物联网。它本质上不是单纯的互联网技术或衍生思想，而是物联网与互联网的初步结合，它是一种全新的模式，其目的惠及广大网民。这里不要将物联网看成是互联网的附庸，它是与互联网等价的物理媒介，即将改变世界的新的物理模式。在 Web 6.0 里，每个人都有调动自己感官的无限权力，用自己的五官去重新发现世界，从而改变世界。

1.4 任务拓展

1.4.1 网页创意设计思维

一个网站如果想在浏览者中确立自己的形象，就必须具有突出的个性，必须依靠网站自身独特的创意，因此创意是网站存在的关键。好的创意能够巧妙、恰如其分地表现主题、渲染气氛、增加网页的感染力，让人过目不忘。

1. 创意思维的原则

（1）审美原则

好的创意必须具有审美性。一种创意如果不能给浏览者以好的审美感受，就不会产生好的网站效果，因此制作网页时就要求网站承载的内容健康、生动、符合人们审美观念。

（2）目标原则

创意本身必须与创意目标相吻合，创意必须能够表现主题，因为网站设计的目的就是为了更好的体现网站的内容。

（3）系列原则

在网站中具有同一设计要素或同一风格、同一色彩等的基础上进行连续的发展变化，给人一种连续、统一的形式感，体现了网站的整体运作能力和水平。

（4）简洁原则

网站设计整体要简洁，注意修饰得当，要做到含而不露，以凝练、朴素、自然为美。

2. 创意设计方法

在进行创意的过程中，需要设计人员新颖的思维方式。好的创意是在借鉴的基础上，利用已经获取的设计形式，来丰富自己的知识，从而启发创造性的设计思路。

（1）富于联想

联想是艺术形式中最常用的表现手法。在设计过程中通过丰富的联想，扩大艺术形象的容量，加深画面的意境。

（2）巧用对比

对比是一种趋向于对立冲突的艺术表现手法。在网页设计中加入不和谐的元素，把网页作品中的特点元素放在鲜明的对照和直接对比中来表现，通过这种方法更鲜明地强调或提示网页的特征，给浏览者留下深刻的视觉感受。

（3）大胆夸张

夸张是把对象的特点和个性中美的方面进行夸大，赋予人们一种新奇的视觉感受，通过这种表现手法，为网页的艺术美注入了浓郁的感情色彩，使得网页的特征更鲜明，更突出。

（4）以人为本

艺术的感染力最具直接作用的是感情因素，以人为本是使艺术加强传达情感的表现手法，它以美好的感情来烘托主题，这是网页设计中的文学侧重和美的意境与情趣追求。

（5）流行时尚

流行时尚的创意手法是通过鲜明的色彩、单纯的形象以及编排上的节奏感来体现出流行的形式特征。

（6）合理综合

综合是设计中广泛应用的方法，它在分析各个构成要素的基础上加以综合，使综合后的界面整体形式表现出创造性的新成果，追求和谐的美感。

1.4.2 网页设计配色基础

无论是平面设计，还是网页设计，色彩永远是最重要的一环。色彩在网页设计中占有极其重要的地位，好的配色方案可以使人加深对网站的记忆。

1. 网页颜色搭配原则

在选择网页色彩时，除了考虑网站本身的特点外还要遵循一定的艺术规律，从而设计出精美的网页。

（1）色彩的鲜明性

如果一个网站的色彩鲜明，就会很容易引人注意，它会给浏览者耳目一新的感觉。

（2）色彩的艺术性

网站设计是一种艺术活动，因此必须遵循艺术规律。按照内容决定形式的原则，在考虑网站本身特点的同时，大胆进行艺术创新。

（3）色彩搭配的合理性

色彩要根据主题来确定，不同的主题选用不同的色彩。

（4）色彩的独特性

要有与众不同色彩，网页的用色必须要有自己独特的风格，这样才能给浏览者留下深刻的印象。

2. 色彩搭配技巧

网页配色很重要，网页颜色搭配得是否合理会直接影响到访问者的情绪。好的色彩搭配会给访问者带来很强的视觉冲击力，不恰当的色彩搭配则会让访问者浮躁不安。

（1）同种色彩搭配

同种色彩搭配是指首先选定一种色彩，然后调整其透明度和饱和度，将色彩变淡或加深，从而产生新的色彩，这样的页面看起来色彩统一，具有层次感。

（2）邻近色彩搭配

邻近色是指在色环上相邻的颜色，如绿色和蓝色、红色和黄色。采用邻近色搭配可以使网页避免色彩杂乱，易于达到页面和谐统一的效果。

（3）对比色彩搭配

色彩的强烈对比具有视觉诱惑力，从而产生强烈的视觉效果。通过合理使用对比色，能够使网站特色鲜明、重点突出。在设计时，通常以一种颜色为主色调，其对比色作为点缀，以起到画龙点睛的作用。

（4）有主色的混合色彩搭配

有主色的混合色彩搭配是指以一种颜色作为主要颜色，同色辅以其他色彩混合搭配，形成缤纷而不杂乱的搭配效果。

1.5 项目小结

本章以"鉴赏优秀网站"为任务驱动，了解了网站的布局结构、色彩搭配，以及网页的相关概念、网页制作的基本流程，为网页的进一步设计制作奠定了基础。

1.6 项目练习

一、填空题

（1）网页是网站中的"一页"，静态网页通常是_____格式。

（2）主页是指_____页面。

（3）网页构成的基本元素有_____、_____、_____、_____、_____。

（4）常见网页布局类型有_____、_____、_____、_____、_____。

二、分析题

打开搜狐网、阿里巴巴网站分析网站布局及色彩搭配。

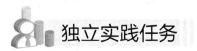 独立实践任务

【任务描述】

赏析各类典型网站。

【任务背景】

在学习创建网站、制作网页之前，我们一定要多欣赏优秀的网站，了解优秀网站的主题定位、布局结构、色彩搭配、用户体验效果等，学习他人之长，激发学习网页设计的兴趣，为学习网页设计奠定基础。

【任务要求】

（1）欣赏各大知名学院门户网站。

（2）欣赏各大名校系部网站。

（3）分析网站布局及风格定位。

（4）欣赏并分析门户类网站、电商类网站、手机移动端网站。

【任务分析】

_____

_____

_____

_____

_____

_____

_____

_____

_____

_____

_____

_____

_____

_____

_____

_____

_____

_____

项目 ② 创建与管理网站站点

在开始制作网站之前，为了便于对制作网页所需的各种资源进行管理，最好先规划创建一个站点，合理的站点结构能够加快对站点的设计，提高工作效率，所以对站点进行规划是一个很重要的准备工作。

站点是网站中使用的所有文件和资源的集合，通常包含两个部分：可在其中存储和处理文件的计算机上的本地文件夹，以及可在其中将相同文件夹发布到 Web 上的服务器上的远程文件夹，通常在本地计算机上先完成网站的建设，形成本地站点，再上传到 Web 服务器上。

通过学习本项目，应达到以下学习目标。

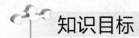

知识目标

（1）了解站点相关知识。
（2）掌握文件夹的命名规则。
（3）掌握网站目录规范。

技能目标

（1）能规划站点。
（2）能创建站点。
（3）能管理站点。

2.1　任务描述：创建并管理计算机系部网站站点

某学院计算机系为了展示全校师生才能、加强对校外联系、互相学习、共同发展，准备建立一个系部网站。为此，在建立网站之前，需要收集适合网站建设内容的素材，对素材进行分类管理，并合理规划站点结构，以方便网站的制作。

2.2　任务分析

在建立网站之初，设计者需要先对网站进行分析，并准备相关素材，包括文字、图片、动画以及其他多媒体素材。一个合格的网页设计人员需要具备素材管理的好习惯，对所收集的相关资源进行分类，通过建立文件夹的方式管理素材，然后根据网站主题，规划站点结构。

2.3 任务准备

2.3.1 站点的概念

网站是由多个相互关联的文件组成的，为了合理地管理这些文件和资源，人们引入了"站点"这一概念。站点可以对网站素材进行分类管理，同时，一个站点里的文件可以相互引用，从而给网站制作者带来很大的方便。

2.3.2 站点的规划

如果将网站所有的资源都存放在同一个目录下，当网站的资源越来越多时，管理起来就会增加很多困难，为了提高工作效率，人们必须对站点进行规划。

1. 规划站点目录结构

设置站点的一般做法是在本地磁盘创建一个包含站点所有资源的文件夹，然后在这个文件夹中创建多个子文件夹，将所应用的资源分门别类存储到相应的文件夹下，也可以根据需要创建多级文件夹。

建立站点相应文件夹，如图 2-1 所示。

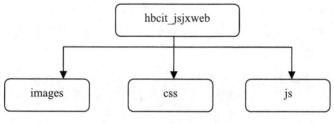

图 2-1　站点目录结构

2. 规划站点栏目结构

根据网站的使用范围和用途，设计栏目结构草图，如图 2-2 所示。

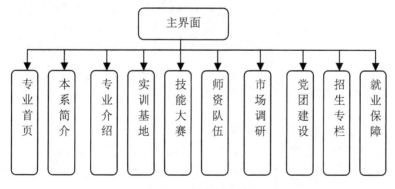

图 2-2　站点栏目结构

任务实施

2.4.1 创建系部网站站点

【任务背景】

某学院计算机技术系要建立本系部网站，需要建立一个站点。

【任务要求】

建立站点，对网站内所有资源进行管理。

【任务分析】

在规划好站点结构之后，使用 Dreamweaver CS6 定义站点并建立目录结构，在本地磁盘上定义的站点可以自由编辑和修改。

【任务详解】

（1）在 D 盘建立一个文件夹，命名为 hbcit_jsjxWeb，此文件夹作为本地站点的根文件夹。

（2）将收集的网站资源进行分门别类，并放置到相应的文件夹，比如图片素材，放置到一个名称为 images 的文件夹，并都放置到 hbcit_jsjxWeb 根文件夹下。

（3）启动 Dreamweaver CS6，单击【站点】/【新建站点】命令，弹出"站点设置对象"对话框，在"站点名称"文本框中输入"jsjxWeb"，并设置站点的路径为 D 盘下建立的名称为"hbcit_jsjxWeb"的文件夹，如图 2-3 所示。

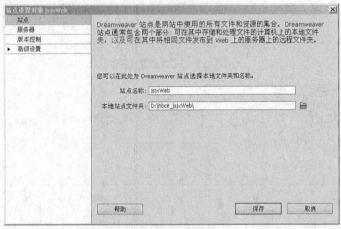

图 2-3　新建站点

（4）由于只在站点上工作，暂不发布网页，所以无需设置服务器，"服务器"选项卡、"版本控制"选项卡和"高级设置"选项卡中各项内容选择系统默认设置即可。

（5）设置完成后，单击"保存"按钮，"站点设置对象"对话框将关闭，站点建立完成。

2.4.2 管理系部网站站点

【任务背景】

站点建立完成后，需要对本地站点进行管理操作，比如打开站点、编辑站点、删除站点和复制站点、导入导出站点等。

【任务要求】

管理站点，根据具体情况快速修改站点信息。

【任务分析】

通过"管理站点"命令，修改站点信息。

【任务详解】

（1）打开站点

方法一：单击菜单命令【站点】/【管理站点】，在弹出的"管理站点"对话框中选择要打开的站点，单击"完成"按钮，如图2-4所示。

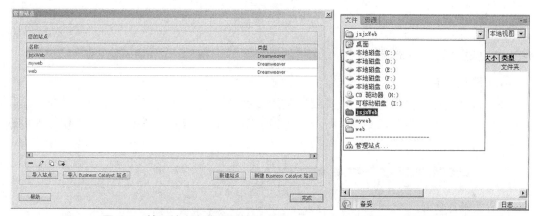

图2-4　管理站点方式打开站点　　　　图2-5　文件面板方式打开站点

方法二：在"文件面板"中选择已经建立的站点也可打开站点，如图2-5所示。

（2）编辑站点

方法一：单击菜单命令【站点】/【管理站点】，在弹出的"管理站点"对话框中双击要打开的站点，即可编辑该站点名称及站点文件夹。

方法二：在弹出的"管理站点"对话框中，选择要打开的站点，单击"编辑当前选定的站点"图标，如图2-6所示，即可完成对站点的编辑。

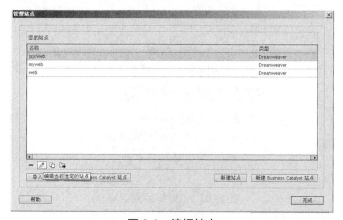

图2-6　编辑站点

（3）复制已有的站点

在"管理站点"对话框中，选择要复制的站点，如"jsjxWeb"站点，单击"复制当前选定的站点"图标，如图 2-7 所示，复制的站点将出现在站点列表中，如图 2-8 所示，单击"完成"按钮即可完成站点的复制。

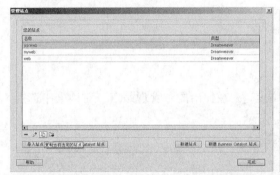

图 2-7　通过"复制当前选定的站点"复制站点　　　　图 2-8　复制完成的站点

（4）删除已有的站点

在"管理站点"对话框中，选择要删除的站点，如"jsjxWeb 复制"站点，单击"删除当前选定的站点"图标，如图 2-9 所示，将弹出图 2-10 对话框，单击"是"按钮，即可删除站点。

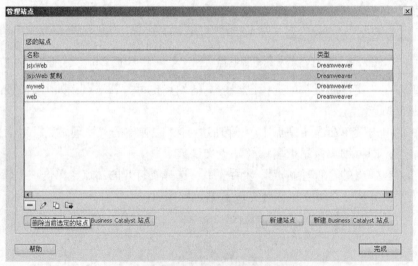

图 2-9　删除站点

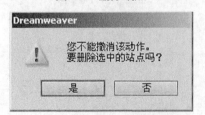

图 2-10　删除站点对话框

（5）导出和导入站点

在"管理站点"对话框中，选择要导出的站点，如"jsjxWeb"站点，单击"导出当前选定的站点"图标，如图 2-11 所示，将弹出导出站点对话框，如图 2-12 所示，设置导出站点的保存路径，然后单击"保存"按钮，返回"管理站点"对话框，单击"完成"按钮即可。

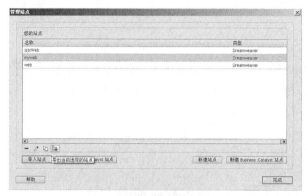

图 2-11　导出当前选定的站点

图 2-12　导出站点对话框

以同样的方法，单击"导入站点"按钮，如图 2-13 所示，即可将以前备份的站点文件重新导入到站点管理器中。

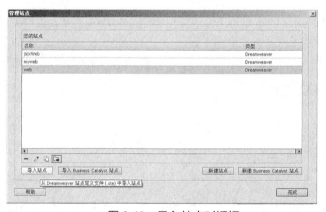

图 2-13　导入站点对话框

2.5 任务拓展

2.5.1　网站目录命名规范

目录建立的原则是以最少的层次、最简洁的文件命名提供最清晰的访问结构，以达到最容易理解的意义。

● 目录最好以代表此文件内容含义的英文单词命名。

● 目录名如果是单个单词，则须小写，目录名若大于两个单词，从第二个单词起每个单词的首要字母须大写，多个单词之间直接也可用下划线连接。

● 当网站内容较多时，建议网站每个主要功能（主菜单）建立一个相应的独立目录。

● 所有的 Flash、AVI、FLV 等多媒体文件建议存放在站点根目录下的 media 目录中，如果属于各栏目下的媒体文件，可以分别在该栏目下建立 media 目录。

2.5.2 网站目录结构规范

● 不要将所有的文件都存放在根目录下，这样会造成文件管理混乱。
● 按目录的内容建立下级子目录，下级子目录的建立，首先应按主菜单栏目建立。
● 目录结构不要太复杂，一般情况下不超过 3 层。

2.6 项目小结

本章以"建立计算机系部网站"站点的任务为驱动，完成了站点的规划、建立、打开、编辑、复制、删除、导入、导出等操作，为网站的进一步开发奠定了基础。

2.7 项目练习

一、填空题

1．站点是_____。

2．当网站的资源越来越多时，为了提高工作效率，必须对站点进行_____。

3．站点建立完成后，需要对本地站点进行_____、_____、_____和_____、_____等操作。

二、操作题

规划并创建个人网站的本地站点，并把搜集到的网站资源放置在相应目录中。

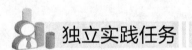 独立实践任务

【任务描述】

创建和管理三木企业网站站点。

【任务背景】

三木企业需要建立一个网站进行网络宣传，公司要求网站的一个最基本的功能是能够全面、详细地介绍公司及公司产品，同时进一步提升企业形象。

【任务要求】

（1）搜寻与企业相关素材资料，并分门别类进行整理。

（2）规划站点。

（3）规划网站布局并画出草图。

（4）创建站点。

（5）通过"管理站点"命令进行站点管理。

【任务分析】

_____
_____
_____
_____
_____
_____
_____
_____
_____
_____
_____
_____
_____
_____
_____
_____
_____
_____

项目 ③ 设计和制作网站首页

在前面的章节中我们已经完成了站点的规划和建立，并将网站用到的资源放置在了相应的目录中，下面我们开始着手建设网站。一个成功的网站，首页的设计很关键，因为网站首页是一个网站的精髓所在，通常影响着整个网站的形象。

本章节，我们要做的工作就是根据用户的浏览习惯将网站首页的核心内容合理有序地展示给用户，学完本章后，我们应能制作一个完整的首页。

知识目标

（1）掌握 HTML 基本结构标签。
（2）掌握 CSS 常用语法规则。
（3）掌握 DIV 盒子模型。

技能目标

（1）能应用 CSS 和 DIV 布局网页结构。
（2）能制作一个完整的网站首页。

3.1　任务描述：制作计算机系部网站首页

制作首页的第一步是设计版面布局。

布局，就是以最适合浏览的方式将图片和文字排放在页面的不同位置，就像传统的报刊编辑一样，我们将网页看作一张报纸、一本杂志来进行排版布局。

本章我们的任务是根据设计好的网站效果图，实现计算机系部网站首页的版面布局，并将核心内容合理有序地展示给浏览者，以达到宣传系部网站的目的。

3.2　任务分析

想要制作一个好的网站，需要每一步的精心设计。在做网站之前一定要全面了解网站的需求，了解受众的情况，在确定网站的功能和信息架构之后，就要着手规划网站布局，在此建议，不要盲目开始，而是以画草图的形式构思主页的设计方案，或者在 Photoshop 软件中做一个主页的设计方案效果图，其中包括需要放置的信息内容、排版、色彩方案以及设计方案的说明文字，然后按照规划好的设计方案，应用相应技术去实现。

3.3 任务准备

3.3.1 HTML 基本结构与常用标签

1．HTML 简介

超文本标记语言（Hypertext Markup Language，HTML）是用来描述网页的一种语言，它通过标记符号告诉浏览器如何显示其中的内容（如文字如何处理，图片如何显示等）。

通常，我们在浏览器上看到的静态网页其实是 HTML 文件构成的，页面内既可以包含文字，也可以包含图片、声音、视频、链接和程序等非文字的元素。

在编写 HTML 文件时，如果文件中不包含 ASP 之类的动态服务器页面代码，则只要有一个可以编辑 HTML 文件的编辑器（比如 Dreamweaver 等）和一个可浏览 HTML 文件的浏览器就可以了。把编辑后的文件以".html"或".htm"为扩展名保存，使用浏览器就可以直接打开。

2．HTML 文件的基本结构

HTML 文件的基本结构主要包含一些最基本的文件结构标记，如表 3-1 所示。

表 3-1　HTML 文件的基本结构

\<html\>	\<HTML\>文档的开始
\<head\>	\<HTML\>文档的头部开始
\<title\>	\<HTML\>文档的标题信息开始
\</title\>	\<HTML\>文档的标题信息结束
\</head\>	\<HTML\>文档的头部结束
\<body\>	\<HTML\>文档的主体开始
\</body\>	\<HTML\>文档的主体结束
\</html\>	\<HTML\>文档的结束

由表 3-1 可以看出，HTML 标签是由尖括号包围的关键词，通常成对出现，标签对中第一个标签是开始标签，第二个标签是结束标签。

HTML 文件的最基本结构，主要包含 4 个标签，即\<html\>\</html\>、\<head\>\</head\>、\<title\>\</title\>和\<body\>\</body\>，它们的含义分别描述如下。

（1）\<html\>\</html\>

标识 HTML 文件的开始与结束，在一般的 HTML 文件中均须具备该标记。

（2）\<head\>\</head\>

HTML 文件的头部标记，主要用来包含 HTML 文件的说明信息，搜索当前文件的关键字等信息，也可以在该标记之间放置如 JavaScript、VBScript、CSS 等类型的脚本。

（3）\<title\>\</title\>

HTML 文件的标题信息，即当前文件在浏览器中浏览时，由浏览器窗口的标题栏上显示的文字，该标记几乎所有的 HTML 文件中均须具备。

（4）<body></body>

HTML 文件的主体标记，即只有在<body></body>标记中编辑的网页对象才可以在浏览器窗口中显示。

以下是一个网页 HTML 文件的基本结构代码。

```
<html>
<head>
    <title>此处是网页标题<title>
</head>
<body>
    此处是网页文件内容
</body>
</html>
```

3．HTML 常用标签及属性

在 HTML 中，属性要在开始标签中指定，用来表示该标签的性质和特性。通常都是以"属性名='值'"的形式来表示，用空格隔开后，还可以指定多个属性。指定多个属性时不需要区分顺序。

（1）文字设计标签及属性

在网页中文字往往占据较大篇幅，为了便于文字排版，并清晰便捷地显示网页文字的内容和效果，HTML 提供了一系列文本控制标签及属性，如表 3-2 所示。

表 3-2　文本设计标签及属性

标签及属性	作用
<font size="" color=""></font>	设置字体大小从 1 到 7，颜色使用英文名称或 RGB 的十六进制值
<p align=""></p>	可将段落按 left（左）、center（中）、right（右）对齐
<hn align=""></hn>	用于设置网页中的标题文字，其中 n 取值为 1～6，在<h1>…</h1>之间的文字就是第一级标题，是字号最大、字体最粗的标题。align 属性用于设置标题的对齐方式，其参数为 left、enter 和 right。<hn>标签本身具有换行的作用，标题总是从新的一行开始
<b></b>	文字粗体显示
<i></i>	文字斜体显示
<u></u>	文字加下划线显示
<sup></sup>	上标字
<sub></sub>	下标字

（2）图片设计标签及属性

在浏览网页时，用户经常被页面中的图片效果吸引。因此，在设计页面时恰当地使用图片不仅会提升网页设计的效果，更能方便快捷地传递给用户想要呈现的信息。HTML 提供了一系列图片设计标签及属性，如表 3-3 所示。

表 3-3　图片设计标签及属性

标签及属性	作用
<img src="">	插入图片，其中，src 参数指明了所要链接的图片文件地址，其他的常用参数有:width="宽",alt="说明文字",height="高",boder="边框"

（3）表格设计标签及属性

表格能够有条理地显示用户需要的信息，且也可利用表格进行简单排版，因此对表格标签及属性有必要进行学习。HTML 提供了一系列表格设计标签及属性，如表 3-4 所示。

表 3-4　表格设计标签及属性

标签及属性	作用
<table></table>	创建一个表格，常用属性有 width="宽", border=""设置边框的宽度, cellspacing=""设置表格单元格之间空间的大小，align=""用于设置表格的水平对齐方式（left,center,right,justify）
<tr></tr>	创建表格中的每一行，常用属性有 align=""用于设置表格单元格的水平对齐方式（left,center,right,justify）
<td></td>	创建表格中一行中的每一个单元格，常用的属性有 colspan=""设置一个表格单元格跨占的列数（默认值为 1），rowspan=""设置一个表格单元格跨占的行数（默认值为 1）

（4）超级链接标签及属性

网站有多个网页组成，超链接是页面间导航和链接的保障。HTML 提供了一系超级链接标签及属性，如表 3-5 所示。

表 3-5　超级链接标签及属性

标签及属性	作用
<a href="URL"></a>	用于创建超文本链接，其中 href 属性定义了这个链接所指的地方。其他常用属性有 target="..."用于决定链接源在什么地方显示，有 4 个保留的目标名称：_blank 在新窗口中打开被链接文档;_self 在相同的框架中打开被链接文档，默认值;_parent 在父框架集中打开被链接文档;_top 在整个窗口中打开被链接文档

（5）列表标签及属性

为了能清晰有序地显示网页信息，可以采用列表形式显示网页内容。HTML 提供了一系列表标签及属性，如表 3-6 所示。

表 3-6　列表标签及属性

标签及属性	作用
\<ol>\</ol>	创建一个有序列表
\<ul>\</ul>	创建一个无序列表
\<li>\<li>	放在每个列表项之前,若在\<ol>\</ol>之间，则每个列表项加上一个数字，若在\<ul>\</ul>之间，则每个列表项前加上一个圆点

案例 3-1：应用 HTML 常用标签设计如下页面。

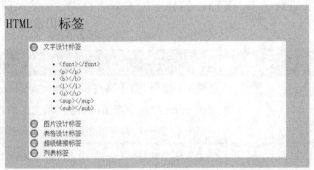

案例主要代码如下：

```
<body>
<table width="770" border="0" align="center" bgcolor="#aee40f">
  <tr>
    <td><h1>HTML<font color="#FF9933">常用</font>标签</h1></td>
  </tr>
  <tr>
    <td align="center"><table width="85%" border="0" align="center" bgcolor="#FFFFFF">
    <tr>
      <td width="5%" valign="top"><img src="img/tubiao.jpg" width="20"
height="20" /></td>
      <td width="95%" height="22" align="left" valign="top">文字设计标签
</td></tr>
    <tr>
      <td height="20"> </td>
      <td><ul>
        <li>&lt;font&gt;&lt;/font&gt;</li>
        <li>&lt;p&gt;&lt;/p&gt;</li>
        <li>&lt;b&gt;&lt;/b&gt;</li>
        <li>&lt;i&gt;&lt;/i&gt;</li>
        <li>&lt;u&gt;&lt;/u&gt;</li>
        <li>&lt;sup&gt;&lt;/sup&gt;</li>
```

```
    <li>&lt;sub&gt;&lt;/sub&gt;</li>
   </ul></td> </tr>
  <tr>
   <td><img src="img/tubiao.jpg" alt="" width="20" height="20" /></td>
   <td height="20" align="left">图片设计标签</td>
   </tr>
  <tr>
   <td><img src="img/tubiao.jpg" alt="" width="20" height="20" /></td>
   <td>表格设计标签</td>
   </tr>
  <tr>
   <td><img src="img/tubiao.jpg" alt="" width="20" height="20" /></td>
   <td>超级链接标签</td>
   </tr>
  <tr>
   <td><img src="img/tubiao.jpg" alt="" width="20" height="20" /></td>
   <td>列表标签</td>
   </tr>
  </table></td>
 </tr>
 </table>
</body>
```

3.3.2　CSS 简介

CSS 是 Cascading Style Sheets（层叠样式表单）的缩写，是一种叫作样式表（Style Sheet）的技术，也有的人称之为"层叠样式表"（Cascading Style Sheet）。

CSS 是 W3C 定义和维护的标准，是一种用来为结构化文档（如 HTML 文档或 XML 应用）添加样式（字体、间距和颜色等）的计算机语言。它可以使网页制作者的工作更加轻松和灵活，现在越来越多的网站采用了 CSS 技术。应用 CSS 技术可以用来进行网页风格设计，如果想要实现超链接字未单击时是蓝色的，当鼠标移上去后字变成其他颜色并且有下划线的效果，这就是一种风格。通过建立样式表，我们可以统一地控制 HMTL 中各标志的显示属性。它将对布局、字体、颜色、背景和其他图文效果实现更加精确的控制。

应用 CSS 技术，可轻松实现将网页要展示的内容与样式设定分开，也就是将网页的外观设定信息从网页内容中独立出来，并集中管理。这样，当要改变网页外观时，只需更改样式设定的部分，HTML 文件本身并不需要更改。

没有样式表时，如果想更新整个站点中所有主体文本的字体，必须逐一修改每个页面。即便站点用数据库提供服务，仍然需要更新所有的模板。而应用 CSS 文件，只要修改 CSS 文件中某一行或几行，则整个站点都会随之发生变动，从而实现大量网页的更新，提高网页更新和维护的效率。

3.3.3　CSS 语法规则

1．CSS 语法格式

CSS 规则是由两部分组成的，选择器以及一条或多条声明。

```
选择器 {
    属性1:值1;
    属性2:值2;
    ......
    }
```

选择器通常是一个 html 元素，每条属性是一个属性和一个值组成，属性和值用冒号分开。
例如：

```
h1{
 color:red ;
 font-size:14px ;
}
```

注意：为了使定义的样式表方便阅读，一般采用分行书写的格式。

2．CSS 样式面板

在 Dreamweaver 中，"CSS 样式"面板是新建、编辑、管理 CCS 的主要工具，如图 3-1 所示。选择【窗口】/【CSS 样式】命令可以打开或者关闭 "CSS 样式"面板。

在没有定义 CSS 前，"CSS 样式"面板是空白的。如果在 Dreamweaver 中定义了 CSS，那么 "CSS 样式"面板中会显示所定义好的 CSS 规则。

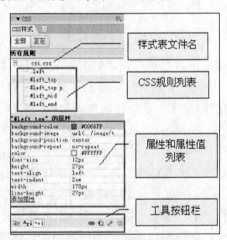

图 3-1　"CSS 样式"面板

3．规则定义的位置

在【CSS 样式】面板上，单击【新建 CSS 规则】按钮，会打开如图 3-2 所示的【新建CSS 规则】对话框，我们可以设置规则定义的位置。

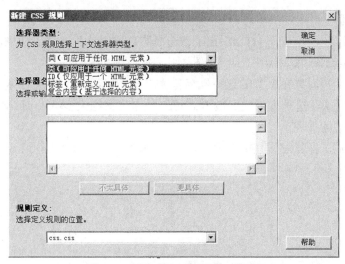

图 3-2 新建"CSS 规则"对话框

（1）仅限该文档

此选项将会把设定的样式仅仅放在当前文件的头文件中，只能在此文件中使用。

这种样式一般位于 HTML 的头部<head></head>标签内，以<style>开始，</style>结束。例如：

```
<style type="text/css">
  h1{color:red;}
  h2{color:blue;}
</style>
```

其中，<style>与</style>之间是样式的内容，这种方法是经常被使用的添加样式表的方法。

（2）新建样式表文件

此选项将会把设定的样式最终保存在一个外部单独的样式表文件中，这个样式表文件可以被其他 HTML 文件共同使用，也就是说可以使站点内的所有网页文件使用同一个样式表文件，甚至不同的站点只要是网页就可以使用，实现了网页文件与样式表文件的彻底分离，也是经常被使用的添加样式表的方法，实现了网页结构和表现的彻底分开。

在网页中采用调用已经定义好的样式表来实现应用,最适合大型网站的 CSS 样式定义。例如，下面是对外部已经存在的名为 style.css 样式文件的引用。

```
<link rel="stylesheet" href="style.css" type="text/css">
```

注意：在需要设置单个页面的格式时，可以使用内部样式表，在需要同时控制多个文档的外观以便在多个页面上实现统一的格式时，尽量使用外部样式表。

4. CSS 选择器类型

Dreamweaver CS6 中，提供了 4 种 CSS 选择器类型，即类选择器、ID 选择器、标签选择器和复合选择器。

（1）类选择器

类选择器可以应用于任何 HTML 元素，选择器名称以"."开头，如果没有输入开头的句点，在 Dreamweaver 编辑器中将自动输入。

选择此类型后，需要在上方的选择器名称文本框中填入一个样式名称，特别注意样式名称不能以数字开头。这种方式定义的样式可以用来定义绝大多数的 HTML 对象，可以给这些对象设置统一的外观。

使用这种样式选择器时，只需在元素的 class 属性中指定类名即可。

案例 3-2：类选择器应用

```html
<html>
<head>
  <style type="text/css">
   .test{font:"宋体"; color:#FF0000;}
  </style>
</head>
<body>
  <p  class="test">现在应用了类选择器进行修饰</p>
  <p>没有应用任何选择器修饰</p>
</body>
</html>
```

（2）ID 选择器

仅应用于一个 HTML 元素，选择器名称以"#"开头。如果没有输入开头的"#"，在 Dreamweaver 编辑器中将自动输入，在网页中每个 ID 名称只能使用一次。

使用这种样式选择器时，只需在元素的 ID 属性中指定类名即可。

案例 3-3：ID 选择器应用

```html
<html>
<head>
  <style type="text/css">
    #yy{font:"宋体"; color:blue;}
  </style>
</head>
<body>
<p id="yy">现在应用了 id 选择器</p>
<p>此处没有应用任何的选择器修饰</p>
</body>
</html>
```

（3）标签选择器

重新定义 HTML 元素，选择器的名称就是对应的 HTML 标签。选择此选项后，在"标签"下拉框里选择需要重新定义的 HTML 标签。当创建或更改某标签的 CSS 样式时，所有用该标签设置了样式的内容都立即更新。

案例 3-4：标签选择器应用

```
<html>
<head>
    <style type="text/css">
      p{font:"宋体"; color:#FF0000;}
    </style>
</head>
<body>
        <p>现在表现的是标签选择器</p>
        <p>我也用的是标签选择器</p>
</body>
</html>
```

（4）复合内容

基于选择的内容，可以由类选择器、ID 选择器和标签选择器综合使用。

5. 在 HTML 中引入 CSS 的方法

（1）内联样式

内联样式就是在标记的 style 属性中设定 CSS 样式，但是这种方式没有体现出 CSS 的优势，因此不推荐使用。

例如：

```
<p style="font-size:16px;color:#f00;">内联样式</p>
```

（2）内部样式表

当只定义当前页面的样式时，可以使用内部样式表。内部样式表是一种级联样式表，样式由<style></style>标记嵌入到<head></head>标记中。嵌入的样式表只针对当前这一个页面有效，其他页面不能应用内部样式表的样式，因此达不到 CSS 代码重用的目的，在实际的大型网站开发中，很少用到内部样式表。

（3）外部样式表

当要对站点上的所有或部分网页应用相同样式的时候，可以使用外部样式表。在一个或多个外部样式表中定义样式，可以将它们链接到所有网页，可以确保网页外观的一致性。通常，外部样式表以.CSS 作为文件的扩展名，在需要此样式的页面中通过<link>标记将此文件链接到需要应用样式的网页中，格式如下：

```
<link href="mystyle.css" rel="stylesheet" type="text/css"/>
```

其中，href 属性指定被链接文档的位置，rel 属性指定被链接的文档是一个样式表，type 属性指定被链接文档的 MIME 类型。

注意：link 标记最好写在 head 标记内部，可以出现多次，也就是说一个网页可以链接多个样式表。

3.3.4　CSS 常用属性

从"CSS"规则定义对话框中我们可以看到如图 3-3 所示设置 CSS 样式的 9 个分类。

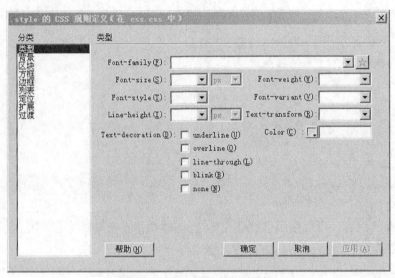

图 3-3　CSS 规则定义对话框

1."类型"属性

使用"CSS 规则定义"对话框中的"类型"选项卡，可以定义 CSS 样式的基本字体和类型设置。该对话框中主要参数设置如下。

- font-family：字体名称。
- font-size：字号参数，定义文本大小。
- font-style：参数，用于设置字体样式。normal 正常状态、italic 斜体字、oblique 偏斜体，默认正常状态。
- font-weight：参数，用于设置字体粗细。取值是 number（100 ~ 900），或者参数 lighter（细体）、bold（粗体）或 bolder（特粗体）。
- line-height：参数，用于设置文本所在行的高度。
- text-transform：参数，其中 uppercase 表示所有文字大写显示；lowercase 表示所有文字小写显示；capitalize 表示每个单词的头字母大写；none 表示不继承母体的文字变形参数。
- text-decoration：参数，其中 underline 表示参数为文字加下划线；overline 表示参数为文字加上划线；line-through 表示参数为文字加删除线；blink 表示参数使文字闪烁；none 表示不显示上述任何效果。
- color：颜色值，用于为文本设置颜色。

案例 3-5：设置文本样式。

```
<html>
<head>
<style type="text/css">
#d1 {
    font-family: Verdana, Arial, "Ms Serif", 宋体;
    font-size: 20px;
    font-weight: bold;
    font-style: italic;
    color: #F0A983;
    text-decoration: underline;
}
</style>
</head>
<body>
<p id="d1">常用"类型"属性</p>
</body>
</html>
```

2. "背景"属性

使用"CSS 规则定义"对话框中的"背景"选项卡，可以定义 CSS 样式的背景设置，可以对网页中的任何元素应用背景属性，CSS 规则定义"背景"对话框如图 3-4 所示。

图 3-4 CSS 规则定义"背景"对话框

该对话框中主要参数设置如下。

● background-color：参数，背景颜色。

● background-image：参数，背景图片。

- background-repeat：参数，repeat 表示图像从水平和垂直角度平铺；no-repeat 表示不重复平铺背景图片；repeat-x 表示使图片只在水平方向上平铺；repeat-y 表示使图片只在垂直方向上平铺。
- background-attachment：参数，fixed 网页滚动时，背景图片相对浏览器而言固定不动。scroll 网页滚动时，背景图片相对浏览器而言一起滚动。
- background-postion（X）和 background-postion（Y）：参数，用于背景定位。其中，top 表示相对前景对象顶对齐，bottom 表示相对前景对象底部对齐，left 表示相对前景对象左对齐，right 表示相对前景对象右对齐，center 表示相对前景对象中心对齐。一般用坐标的方式来确定图片的位置。

案例 3-6：设置背景样式。

```
<style type="text/css">
body{
background-color: blue;
background-image: url(images/bk.gif);/*可以同时设置背景颜色和背景图片*/
background-repeat: no-repeat;/*图片只出现一次，不重复出现*/
background-position: right bottom;/*图片总是出现在右下角位置*/
}
</style>
```

3."区块"属性

使用"CSS 规则定义"对话框中的"区块"选项卡，可以定义标签和属性的间距和对齐设置，CSS 规则定义"区块"对话框如图 3-5 所示。

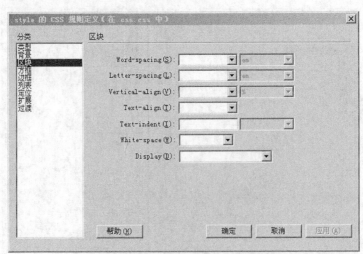

图 3-5　CSS 规则定义"区块"对话框

- word-spacing：参数，用于设置英文单词间距，取值可以是 normal 或者是单位像素。
- letter-spacing：参数，英文字母间距，取值可以是 normal 或者是单位像素。
- vertical-align：参数，文本垂直排列，top 表示顶对齐，bottom 表示底部对齐，text-top 表示相对文本顶对齐，text-bottom 表示相对文本底部对齐，baseline 表示基准线对齐，

middle 表示中心线对齐，sub 表示以下标的形式对齐，sup 表示以上标的形式对齐。

- text-aglin：参数，文本水平排列，left 表示左对齐，right 表示右对齐，center 表示居中，justify 表示相对左右对齐。
- text-indent：参数，文本缩进，缩进距离必须是数值或者百分比。
- white-space：参数，设置值。其中 normal 为合并连续的多个空格，pre 为保留原样式，nowrap 为不换行，直到遇到
标签。
- display：参数，设置或检索对象是否及如何显示。

4."方框"属性

使用"CSS 规则定义"对话框中的"方框"选项卡，控制元素在页面上的位置，如图 3-6 所示。

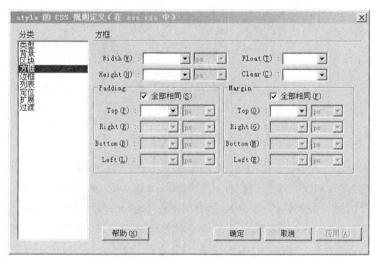

图 3-6 CSS 规则定义"方框"对话框

- width 和 height：表示层的宽度与高度。
- float：浮动属性，取值为 left、right 或 none。left 表示文字浮在元素左侧，right 表示文字浮在元素右侧，none 为默认值（该属性特别重要，一定要掌握），表示不浮动。
- clear：指定一个元素周围是否允许有其他元素漂浮在它的周围，取值为 left、right、none 或 both。设置清除某元素四周的浮动对象。
- margin：设置围绕在元素边框外的空白区域，包括 4 个侧边边界属性 margin-top、margin-left、margin-bottom、margin-left，取值可以是 auto（默认）、百分比或者具体的数值。
- padding：定义元素边框与元素内容之间的空白区域，包括 4 个侧边边界属性 padding-top、padding-left、padding-bottom、padding-left，取值可以是 auto（默认）、百分比或者具体的数值。

5. "边框"属性

边框是围绕在内容和内边距之间的一条或多条线。内容的内边距和外间距之间的间隙是留给边框的，CSS 可以使用"CSS 规则定义"对话框中的"边框"选项卡来定义它的样式、颜色和宽度等，如图 3-7 所示。

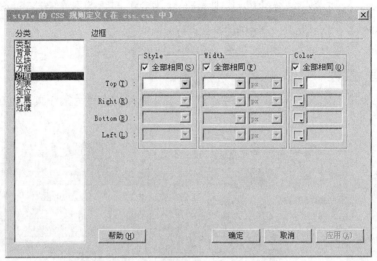

图 3-7　CSS 规则定义"边框"对话框

- border-style：border-top-style 为上边框样式，border-right-style 为右边框样式，border-bottom-style 为底边框样式，border-left-style 为左边框样式。其中，none 表示不显示边框，为默认值；dotted 表示点线；dashed 表示虚线；solid 表示实线；double 表示双实线；groove 表示边框带有立体感的沟槽；ridge 表示边框成脊形；inset 表示使整个表框凹陷，即在边框内嵌入一个立体边框；outset 表示使整个边框凸起，即在边框外嵌入一个立体边框。
- border-width 属性：border-top-width 为上边框宽度，border-right-width 为右边框宽度，border-bottom-width 为底边框宽度，border-left-width 为左边框宽度。默认宽度取值为 medium 为默认宽度，thin 为细边框，thick 为粗边框。
- border-color 属性：设置边框的颜色。

案例 3-7：设置边框样式。

```
<html>
<head>
<style type="text/css">
.divtop {
height: 100px;
width: 300px;
```

```
border-style: dotted solid;
}
</style>
</head>
<body>
<div class="divtop">边框样式效果，左右实线，上下虚线 </div>
</body>
</html>
```

6. "列表"属性

使用"CSS 规则定义"对话框中的"列表"选项卡属性，允许放置、改变列表项标志，或者将图像作为列表项标志，如图 3-8 所示。

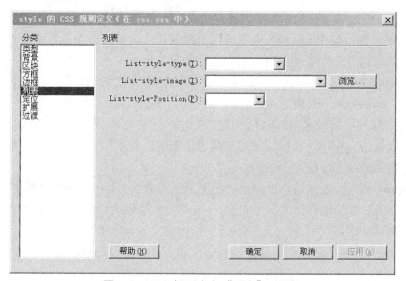

图 3-8　CSS 规则定义"列表"对话框

- list-style-type 属性：显示列表项前的标识符号。none 表示无标记，disc 表示实心圆，circle 表示空心圆，square 表示正方形，decimal 表示十进制数字，decimal-leading-zero 表示有前导零的十进制数字，lower-roman 表示小写罗马数字，upper-roman 表示大写罗马数字，lower-alpha 表示小写英文字母，upper-alpha 表示大写英文字母。
- list-style-image 属性：用选定的图片作为列表项前的标识符号。
- list-style-postion 属性：列表位置，用于描述列表在何处显示。取值 outside 为默认值，保持标记位于文本的左侧。列表项目标记放置在文本以外，且环绕文本不根据标记对齐；取值 inside 表示列表项目标记放置在文本以内，且环绕文本根据标记对齐。

7. "定位"属性

使用"CSS 规则定义"对话框中的"定位"选项卡，允许对元素进行定位，控制网页元素在浏览器文档窗口中的位置，如图 3-9 所示。

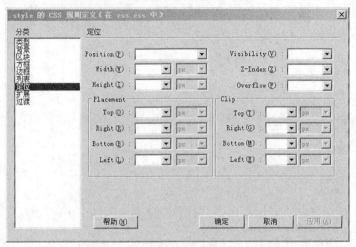

图 3-9　CSS 规则定义"定位"对话框

● postion 属性：其中 absolute 表示采用绝对定位（分别用 4 个边框来定位），relative 表示采用相对定位（也得用 4 个边框来设定位置）。

● visibility 属性：表示可视性。inherit 表示对象继承父本的继承性，visible 表示对象可见，hidden 表示对象隐藏。

● z-index 属性：表示元素的堆叠，大的在上，小的在下。默认是按照先后顺序。取值 auto 默认值，表示它遵循其父对象的定位属性；如果设置为数字，一般为无单位的正整数，数字为 1 时是最底层。

● overflow 属性：设定溢出，设定对超出范围的处置。visible 表示用于扩大浏览器显示，hidden 表示裁剪掉多余的文本，scroll 表示加载滚动条，auto 表示当有多余的时候才显示滚动条。

● placement 属性：设置对象定位层的位置和大小。可以分别设置 left、top、width、height。

● clip 属性：此属性定义了绝对（absolute）定位对象可视区域的尺寸。注意，此属性必须和定位属性 postion 一起使用才能生效。

3.3.5　CSS 盒子模型

在应用 CSS 控制页面显示的时候，盒子模型是一个很重要的概念，只有掌握了盒子模型，才能真正控制页面中各个元素的位置。

1. 盒子模型基础

在 HTML 中，一组<div></div>语法标签组称之为一个盒子，DIV 是 html 中的"层"标签，<div>为起始标记，</div>为结束标记，用来为 HTML 文档内大块内容提供结构和背景的元素，<div></div>中插入的是所要表达的内容。

如果说概念相对抽象的话，我们可以把盒子模型简单理解成现实生活中的盒子，生活中的盒子内部是空的，以便用来存放东西，这个区域我们将其命名为 content（内容），而盒子的纸壁给它起个名字叫 border（边框），如果盒子内部的东西，比如是一块硬盘，但是硬盘怕震动，所以我们需要在硬盘的四周，盒子的内部均匀填充一些防震材料，这时硬盘和盒子的边框就有了一定的距离，我们称这部分距离为 padding（内边距），如果我们需要购买许多块硬盘，还是因为硬盘怕震动所以需要在盒子和盒子之间也需要一些防震材料来填充，那么盒子和盒子之间的距离我们称之为 margin（外边距）。这下盒子模型的四要素，如图 3-10 所示已全部描述完毕，分别是：content（内容）、border（边框）、padding（内边距）和 margin（外边距）。

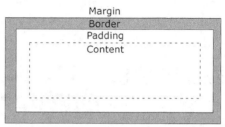

图 3-10 盒子模型四要素

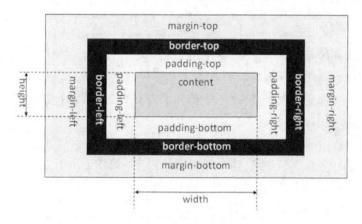

图 3-11 标准盒子模型示意图

图 3-11 是一个标准的盒子模型示意图，从图中我们可以看出：一个盒子的实际宽度（或高度）是由 content+padding+border+margin 组成的。即盒子的实际宽度=左边距+左边框+左填充+内容宽度+右填充+右边框+右边距。盒子的实际高度=上边距+上边框+上填充+内容高度+下填充+下边框+下边距。

由于默认情况下绝大多数元素的盒子边界、边框和填充的宽度都是 0，且盒子的背景颜色是透明的，所以在不设置 CSS 样式的情况下，浏览器显示不出盒子的外观效果。

2. 盒子模型的属性

（1）填充 padding 属性

padding 属性定义元素边框与元素内容之间的空间，它可称之为内边距、内补白或填充，即边框与边框里面内容的距离。在 CSS 中，padding 属性包含了 padding-left（设置距左内边距），padding-top（设置距顶部内边距），padding-right（设置距右内边距），padding-bottom（设置距底部内边距）。

案例 3-8：设置 h1 元素的上、右、下、左填充分别为 10px、20px、30px、40px。

代码如下：

```
H1{
Padding-top:10px;
Padding-right:20px;
Padding-bottom:30px;
Padding-left:40px;
}
```

🔒 说明	padding 属性的书写按照上、右、下、左的顺时针顺序，如果是左、右、上、下都需要设置 padding 的值时也可以简写来实现，因此案例 3-8 代码可以整理为
	
	`H1{`
	`    padding:10px 20px 30px 40px;`
	`}`
	　　如果只提供一个值，将用于四边的填充，如下代码所示：
	`H1{padding:10px;}`
	　　如果提供两个值，第一个值用于上下填充，第二个值用于左右填充，如下代码所示：
	`H1{padding:10px 20px;}`
	　　如果提供三个值，第一个用于上填充，第二个用于左右填充，第三个用于下填充，如下代码：
	`H1{padding:5px 6px 7px; }`

（2）边界 margin 属性

margin 属性定义元素周围的空间，可称之为外边距或外补白。在 CSS 中，margin 属性包含了 margin-left（设置距左外边距），margin- top（设置距顶部外边距），margin-right（设置距右外边距），margin-bottom（设置距底外边距）。

其用法与 padding 相同。

注意：二者的区别在于，padding 是站在父元素的角度描述问题，它规定它里面的内容必须与这个父元素边界的距离。margin 则是站在自己的角度描述问题，规定自己和其他（上、下、左、右）元素之间的距离。

3.3.6　浮动和定位

网页布局最常用的两种布局方式是浮动和定位。这两种定位有时各有所长，有时独立使用，有时又配合使用，相辅相成。下面我们就浮动和定位的使用做深入讲解。

1．浮动

在标准流中，块级元素都是上下排列，行内元素都是左右排列。div 是块级元素，在页面中独占一行，自上而下排列，不能并排，也就是我们常说的流式布局，如图 3-12 所示。

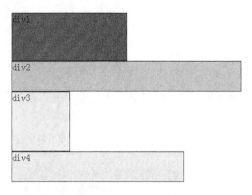

图 3-12　4 个 div 在标准流中打开站点

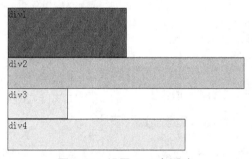

图 3-13　设置 div2 左浮动

可以看出，即使 div1 的宽度很小，页面中一行可以同时容下 div1 和 div2，div2 也不会排在 div1 后边，因为 div 元素是独占一行的。显然标准流已经无法满足需求，这就要用到浮动。

浮动元素不在标准流中，它可以向左或向右移动，直到它的外边缘碰到包含框或另一个浮动框的边框为止。由于浮动框不在文档的普通流中，所以文档的普通流中的块框表现得就像浮动框不存在一样。

浮动定位用 float 属性控制，它有 3 个参数，分别是 left、right、none，默认值为 none。浮动可以理解为让某个 div 元素脱离标准流，漂浮在标准流之上，和标准流不是一个层次。

例如，如果设置图 3-12 中 div2 左浮动(float:left;)，那么它将脱离标准流，但 div1、div3、div4 仍然在标准流当中，所以 div3 会自动向上移动，占据 div2 的位置，重新组成一个流，如图 3-13 所示。

从图中可以看出，由于对 div2 设置浮动，因此它不再属于标准流，div3 自动上移顶替 div2 的位置，div1、div3、div4 依次排列，成为一个新的流。又因为浮动是漂浮在标准流之上的，因此 div2 挡住了一部分 div3，div3 看起来变"矮"了。

这里 div2 用的是左浮动，可以理解为漂浮起来后靠左排列，右浮动(float:right;)当然就是靠右排列。这里的靠左、靠右是说页面的左、右边缘。

如果我们对 div2 采用右浮动，效果如图 3-14 所示。

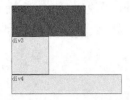

图 3-14　设置 div2 右浮动

此时 div2 靠页面右边缘排列，不再遮挡 div3，读者可以清晰地看到上面所讲的 div1、div3、div4 组成的流。

案例 3-9：对比图 3-15 和图 3-16，应用浮动实现图文混排效果。

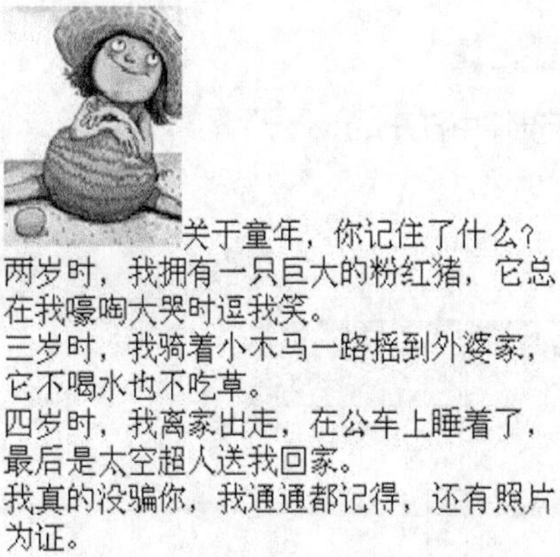

图 3-15　元素未使用浮动效果 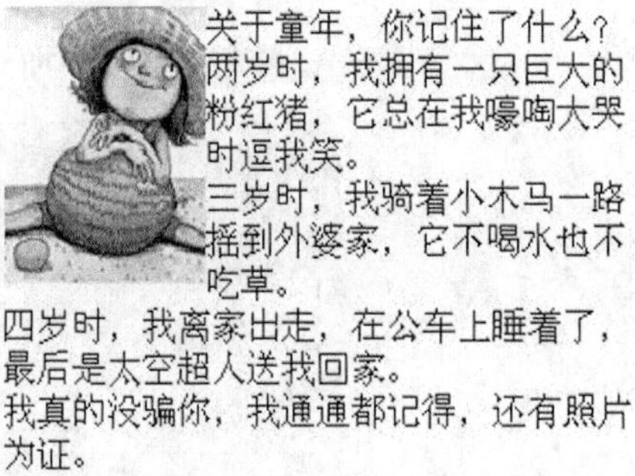　　　　图 3-16　元素使用浮动效果

分析：如果将一个元素浮动，另一个元素不浮动，那么不浮动的元素内容将会围绕在浮动元素的周围，如果设置浮动元素是图像，而不浮动元素是文字，那么就会出现文字环绕图像的图文混排效果。

主要代码如下：

```
<style type="text/css">
#content
 {
height: 300px;
width: 300px;
}
.imgLeft{float: left;
}     /*设置图片左浮动*/
</style>
<body>
<div id="content">
<img src="images/pic.jpg" width="93" height="123" class="imgLeft" />
<span>关于童年，你记住了什么？ <br>
```

```
        两岁时，我拥有一只巨大的粉红猪，它总在我嚎啕大哭时逗我笑。<br>
        三岁时，我骑着小木马一路摇到外婆家，它不喝水也不吃草。<br>
        四岁时，我离家出走，在公车上睡着了，最后是太空超人送我回家。<br>
        我真的没骗你，我通通都记得，还有照片为证。
        </span>
    </div>
</body>
```

2．相对定位和绝对定位

利用浮动属性定位只能使元素浮动形成图文混排或块级元素水平排列的效果，其定位功能仍然存在一定不足。定位属性下的定位能使元素通过设置偏移量定位到页面或其包含框的任何一个地方，准确实现元素的定位。

为了使元素进行定位，需要对元素设置定位属性 position，position 的取值有 4 种，如表 3-7 所示。

表 3-7　定位属性取值

值	描述
absolute	设置绝对定位的元素，相对于 static 定位以外的第一个父元素进行定位
fixed	设置绝对定位的元素，相对于浏览器窗口进行定位
relative	设置相对定位的元素，相对于其正常位置进行定位
static	默认值，没有定位，元素出现在正常的流中

元素的定位中，用的最多的是相对定位和绝对定位。

（1）相对定位

元素的相对定位是设置元素相对于它在文档流中原来的位置进行定位。

要设置元素的相对定位，首先使用流式定位创建所需元素块，然后将其设置为相对定位，并设置偏移量重新定义元素相对于其原来的位置。在设置相对定位时，无论元素是否设置偏离量，元素仍会占据原来的位置。

设置相对定位的语法格式如下。

```
position:relative;
```

元素偏移量属性及描述如表 3-8 所示。

表 3-8　常用动作简要说明

偏移量属性	属性描述
top	顶部偏移量，用来定义元素相对于其父元素上边线的距离
bottom	底部偏移量，用来定义元素相对于其父元素下边线的距离
left	左侧偏移量，用来定义元素相对于其父元素左边线的距离
right	右侧偏移量，用来定义元素相对于其父元素右边线的距离

案例 3-10：参照图 3-17 相对定位效果图制作页面效果。

图 3-17　相对定位效果图

分析：由于本页面由 3 个 div 区块组成，按照相对定位的原则，首先按照流式定位创建 3 个区块，其流式布局的效果图如图 3-18 所示。再设置 div2 为相对定位，并设置其偏移量为 left：450px，top：50px，相对定位布局后效果图如图 3-19 所示，从中我们可以分析出相对定位后，原 div2 所在的位置依旧保留，而 div2 区块的实际位置相对于原来的位置距离左边线移动了 450 像素，距离上边线移动了 50 像素。

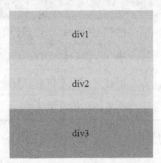

图 3-18　应用二流式定位效果图

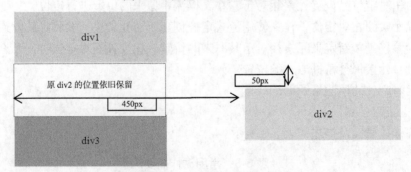

图 3-19　相对定位后效果图

相对定位网页效果的代码如下：

```
<style>
body{
margin:0;
padding:0;
```

```
font-size:20px;
    }
#div1,#div2,#div3{
 width:300px;
 height:100px;
 text-align:center;    /*设置三个区块的文字水平居中*/
 line-height:100px;    /*设置三个区块的文字垂直居中*/
    }
#div1{
 background:#CCC;
    }
#div2{
 background:#9F9;
 position:relative;    /*设置div2区块为相对定位*/
 left:450px;              /*设置div2区块的左侧偏移量为450像素*/
 top:50px;                /*设置div2区块的顶端偏移量为50像素*/
    }
#div3{
 background:#C6F;
    }
</style>

<body>
    <div id="div1">
        div1
    </div>
    <div id="div2">
        div2
    </div>
    <div id="div3">
    div3
    </div>
</body>
```

（2）绝对定位

绝对定位是根据父元素的定位方式进行定位。设置绝对定位的语法格式如下：

```
position:absolute;
```

绝对定位的元素的位置与文档流无关。一旦某元素设置了绝对定位，则该元素将不再占据其原来在文档流中的位置，文档流也会对其视而不见，认为设置了绝对定位的元素在文档流中是不存在的。

绝对定位是定位中最复杂、功能最强大的一种定位方式。下面我们通过一个案例来加深对绝对定位的认识和理解。

案例 3-11：参照图 3-20 父元素为浏览器的绝对定位效果图制作页面效果。

图 3-20   父元素为浏览器的绝对定位效果图

　　分析：由于本页面由 3 个 div 区块组成，按照绝对定位的原则，先按照流式定位创建 3 个区块，其流式布局的效果图如图 3-21 所示。再设置 div1 为绝对定位，设置其偏移量为 left：300px，top：100px，绝对定位布局后效果图如图 3-22 所示，从中我们可以分析出绝对定位后，原 div1 所在的位置已经从文档流中脱离，不再占据原来的位置，因此 div2 带着 div3 一起占据了原 div1 的位置。而由于 div1 设置了绝对定位，脱离了文档流，以浏览器为参照物，并按照偏移量重新进行位置调整。设置了绝对定位的元素的最终位置相对于浏览器的位置距离左边线移动了 300 像素，距离上边线移动了 100 像素。

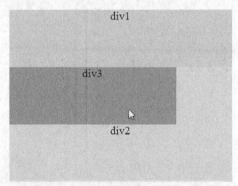

图 3-21   父元素为浏览器流式定位效果图

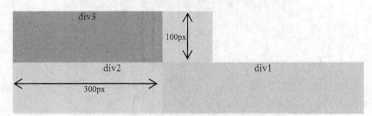

图 3-22   没有父元素的绝对定位后效果图

父元素为浏览器的绝对位网页效果的主要代码如下：

```
<style>
body{
 margin:0;
 padding:0;
```

```
 font-size:20px;
 }
#div1,#div2,#div3{
 text-align:center;/*设置三个区块的文字水平居中*/
 }
#div1{
 width:400px;
 height:100px;
 background:#CCC;
 position:absolute;/*设置div1区块为绝对定位*/
 left:300px;          /*设置div1区块的左侧偏移量为300像素*/
 top:100px;           /*设置div1区块的顶端偏移量为100像素*/
 }
#div2{
 width:400px;
 height:200px;
 background:#9F9;
 }
#div3{
 width:300px;
 height:100px;
 background:#C6F;
 }
</style>
<body>
    <div id="div1"><!--此区块除body外没有其他任何父元素，因此可将浏览器视为父元素
-->
        div1
    </div>
    <div id="div2">
        <div id="div3">div3</div>
        div2
    </div>
</body>
```

案例3-12：综合利用元素定位制作图3-23所示某学院计算机系banner。

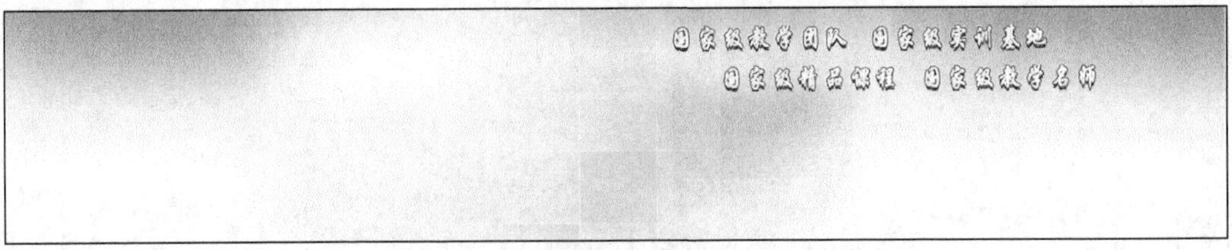

图 3-23　某系计算机系网站首页 banner 局部效果图

分析： 效果图中包括背景图和 4 个文本块，且 4 个文本块的位置没有上下平齐，稍微存在错位。由于定位的优势是精确布局，此种情况下考虑采用定位来实现效果图的制作。

制作步骤如下。

① 通过 FastStone Capture 获取各部分的尺寸，FastStone Capture 工具的具体功能可参阅本章的拓展知识。具体尺寸如图 3-24 所示。

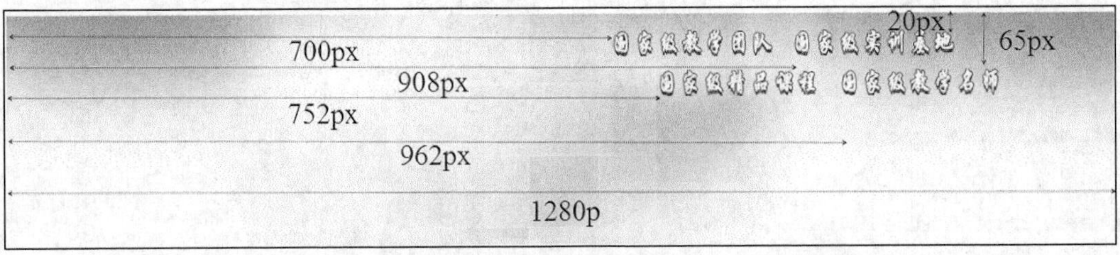

图 3-24　某系计算机系网站首页局部 banner 尺寸图

② 将 banner 设置为水平居中，并采用相对定位。同时将内部的 4 个 div 文字块设置为绝对定位，通过偏移量调整位置，位置的调整相对于 banner 区块进行变化。主要代码如下：

```
<style>
body{
 margin:0;
 padding:0;
}
#banner{
 width:1280px;
 height:448px;
 background:url(images/bg.jpg);
 margin:0 auto;
 position:relative;  /*将 banner 区块设置为相对定位，但不设置偏移量，目的是为了保证
banner 位置不变化，但可以作为子元素的参照物进行绝对定位。*/
 }
#jxtd{
 position:absolute;
 left:700px;
 top:20px;
 }
```

```
#sxjd{
 position:absolute;
 left:908px;
 top:20px;
 }
#jpkc{
 position:absolute;
 left:752px;
 top:65px;
 }
#jxms{
 position:absolute;
 left:962px;
 top:65px;
 }
</style>

<body>
<div id="banner">
 <div id="jxtd">
    <img src="images/jxtd.png" />
   </div>
   <div id="sxjd">
    <img src="images/sxjd.png" />
   </div>
   <div id="jpkc">
    <img src="images/jpkc.png" />
   </div>
   <div id="jxms">
    <img src="images/jxms.png" />
   </div>
</div>
</body>
```

3.3.7　DIV+CSS 布局

　　DIV+CSS 是网页布局的一种方式。DIV 是网页中的"块",块相当于一个容器,网页中的元素可以划分到不同的块中。以块为单位,块及块中所包含的元素属性通过 CSS 进行控制,从而实现整个页面的布局。

随着 Web 标准的逐渐普及，许多原来采用表格布局定位的网站已经开始重构。Web 标准提出将网页内容和表现相分离，网页的表现部分全部由 CSS 来完成，同时要求 HTML 文档具有良好的结构，采用 DIV 布局网页，结合使用 CSS 样式美化网页已成为业界的标准。

1. DIV+CSS 布局思想

CSS 布局的本质就是大大小小的盒子在页面上进行摆放，我们要考虑的就是盒子与盒子之间的关系，要做的是将盒子之间通过各种定位方式排列使之达到理想的布局效果。

使用 CSS 对整个页面进行布局，基本步骤如下：

① 将页面用 DIV 分块。

② 通过 CSS 设计各块的位置和大小，以及相互关系。

③ 在网页的各大 DIV 块中插入各个栏目框的小区块。

下面通过一个案例说明网站布局的基本步骤。

① 将页面用 DIV 分块，如图 3-25 所示。

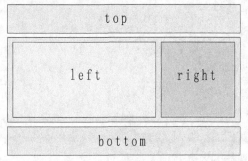

图 3-25　页面布局图

先用 3 个 DIV 将页面分成上、中、下 3 个块，然后中间块再嵌套两个 DIV 块，每个 DIV 块都有唯一的 ID 号，ID 号主要用于网页分块时对块进行区分。

案例 3-13：参照图 3-25 制作网页效果。

页面布局代码如下：

```
<body>
<div id="top">top</div>
<div id="main">
  <div id="left">left</div>
  <div id="right">right</div>
</div>
<div id="bottom">bottom</div>
</body>
```

② 通过 CSS 设计各块的位置和大小及相互关系。

```
<style type="text/css">
#top {
 height: 30px;
 width: 500px;
```

```
background-color: #ccffcc;
margin: 5px auto;/*设置该网页居中显示，左右边界设置为 auto，实现屏幕自适应*/
}
#main {
height: 300px;
width: 500px;
margin: 5px auto;
margin-right: auto;
}


#left {
background-color: #ffff99;
height: 280px;
width: 200px;
float: left;
margin-left: 10px;
margin-top: 10px;
}
#right {
background-color: #ffcc99;
width: 260px;
float: right;
height: 280px;
margin-top: 10px;
margin-right: 10px;
}
#bottom {
background-color: #ccffcc;
margin: 5px auto;
height: 30px;
width: 500px;
}
</style>
```

③ 在网页的各大 DIV 块中插入各个栏目框的小区块。

此例中，中间块嵌套了左右两个小块，我们还可以在 top 块插入网页的广告条，在 left 块插入导航条，right 块插入网页主体内容，如文本或图片等，bottom 块插入版权信息等。

2. 应用 DIV+CSS 布局通用网页结构

通常的页面布局有以下几个部分：头部、内容、底部，其中内容有左侧边栏和右侧主显区。我们首先规划出如图 3-26 所示的页面布局图，刚开始学习布局一定要有这个大局观，要有一个整体思想，知道每一步要做什么、怎么做，然后再完善其中的细节，这样才能把知识灵活运用，从而布局出符合客户需求的网页。

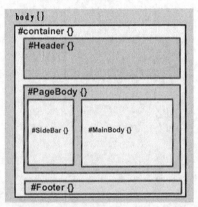

图 3-26　网页通用样式布局示意图

根据网页布局图，我们得出网页 DIV 结构如下：

```
body {}        /*这是一个 HTML 元素，页面中所有的内容都应该写在这个标签对之内*/
└#Container {}      /*我们可以把整个页面想象成一个大容器，此为页面顶层容器*/
    ├#Header {}      /*存放页面头部内容的容器*/
    ├#PageBody {}      /*存放页面主体内容的容器*/
    │  ├#Sidebar {}      /*存放侧边栏内容的容器*/
    │  └#MainBody {}      /*存放主体内容的容器*/
    └#Footer {}      /*页面底部*/
```

至此，页面布局与规划已经完成，接下来我们要做的就是开始编写 HTML 代码和 CSS 样式。

【操作步骤】

（1）新建一个文件夹，命名为"DIV_CSS"，并把此文件夹配置为站点。

（2）站点下新建"index.html"文件，在此文件的<body></body>之间构建网页 DIV 结构。

（3）单击"插入 Div 标签"，在 ID 选项中输入自定义名称 container，如图 3-27 所示。

（4）单击"新建 CSS 规则"，弹出如图 3-28 所示对话框，选择规则定义位置为"新建样式表文件"。

注意：通常来说，如果某些 CSS 样式规则只在单个网页中用到，那么这些样式规则定义的位置为"仅限该文档"即可；如果站点中多个网页都会使用到的通用样式规则，则需要放在一个单独的"外部样式表"中，这样就不需要进行重复定义，只要多个网页同时调用此样式表即可，这样做可以大大节省空间并减少重复操作。

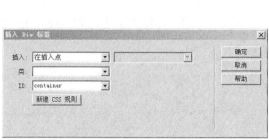

图 3-27　插入 Div 标签

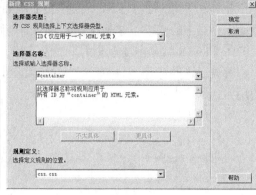

图 3-28　新建 CSS 规则

（5）以"CSS.CSS"命名并存储在站点下。系统将根据你的操作自动生成 HTML 代码，也可手动输入以下代码：

```
<link href="css.css" rel="stylesheet" type="text/css" />
```

通过此代码建立"index.html"文件与"CSS.CSS"文件之间的联系，其中页面内容定义在"index.html"文件中，内容的表现样式则定义在"CSS.CSS"文件中，实现内容与样式的完全分离。

（6）以相同的方式建立 DIV 其余结构，最终代码如下：

```
<div id="container"><!--页面层容器-->
    <div id="header"><!--页面头部--></div>
    <div id="main"><!--页面主体-->
        <div id="sidebar"><!--侧边栏--></div>
        <div id="mainBody"><!--主体内容--></div>
    </div>
    <div id="footer"><!--页面底部--></div>
</div>
```

在此要特别注意光标的定位，确定 DIV 结构的嵌套层次关系。

（7）搭建完结构后，为每个 DIV 设置 CSS 样式。

● 设置 container 样式，如图 3-29 所示。

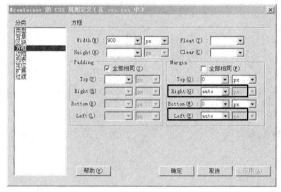

图 3-29　container 样式设置

在 Web 标准中的页面布局是使用 DIV 配合 CSS 来实现的。其中最常用的就是使整个页面水平居中的效果，这是在页面布局的基础，也是最应该首先掌握的知识，在此我们使用 DIV 和 CSS 结合实现页面水平居中。

首先设置外部容器 container，通常需要设置 width（宽度）值，然后结合 margin:0 auto 使用，达到居中效果。

对应代码如下：

```
#container {
width: 900px;
margin: 0 auto;
background-color: #fefdcd;
}
```

● 设置 header 样式，如图 3-30 所示。

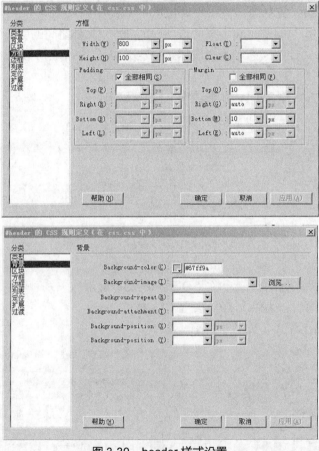

图 3-30　header 样式设置

这一部分称之为网页的顶部，通常可以包括网页的 Logo、导航菜单以及 Banner 图片。

在 header 样式设置中，margin 属性是盒子模型的基础属性，人们称之为外边距或者外补白。外边距具有 4 个值，按照上—右—下—左的顺序作用于四边，即从元素的上边开始，按照顺时针的顺序围绕元素，它的最基本用途就是控制元素周围空间的间隔，从视觉角度上达到相互隔开的目的。

对应代码如下：

```
#header {
width: 800px;
height: 100px;
background-color: #67ff9a;
margin-top: 10px;
margin-right: auto;
margin-bottom: 10px;
margin-left: auto;
}
```

● 设置 main 样式，如图 3-31 所示。

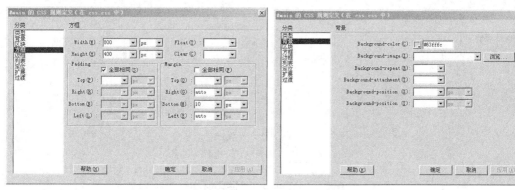

图 3-31　main 样式设置

对应代码如下：

```
#main{
width: 800px;
height: 400px;
background-color: #63fffc;
margin-right: auto;
margin-bottom: 10px;
margin-left: auto;
}
```

在网页的布局中，为了实现复杂的布局结构，DIV 元素往往需要互相嵌套，即一个 DIV 内部可以多级嵌套多个 DIV，不过浏览器在显示网页时需要解析层的嵌套关系，这需要消耗资源和时间，所以在设计布局时要用尽可能少的嵌套关系实现设计效果，以加快网页的显示速度。

本示例中,外部父级容器 DIV(main 元素)中设置了两个并列的子级容器 DIV(sidebar 元素和 mainBody 元素),因此它们与 main 元素形成了一种嵌套关系。

- 设置 sidebar 样式,如图3-32所示。

图 3-32　sidebar 样式设置

- 设置 mainBody 样式,如图3-33所示。

图 3-33　mainBody 样式设置

一个 DIV 标签占据一行,在此示例中,main 元素内两个 DIV 元素并列于一行,怎样实现布局并列的两块区域呢? 块状元素有一个很重要的"float"属性,可以使多个块状元素并列于一行。

float 属性也被称为浮动属性,这个词非常形象。对前面的 DIV 元素设置浮动属性后,当前面的 DIV 元素留有足够的空白宽度时,后面的 DIV 元素将自动浮上来,和前面的 DIV 元素并列于一行。float 属性的值有 left、right、none 和 inherit。很多对象都有 inherit 属性,这是继承属性,代表继承父容器的属性。float 属性值为 none 时,块状元素不会浮动,这也是块状元素的默认值。float 属性值为 left 时,块状元素将向左浮动;float 属性值为 right 时,块状元素将向右浮动。

注意:两个 DIV 并列于一行的前提是,这一行有足够的宽度容纳两个 DIV 的宽度。

浮动属性是 CSS 布局的最佳利器,如果一个 DIV 容器中并列多个子 DIV 进行布局时,我们可以设置最右侧 DIV 的 float 属性为 right,其余 DIV 的 float 属性为 left 即可。

- 设置 footer 样式,如图3-34所示。

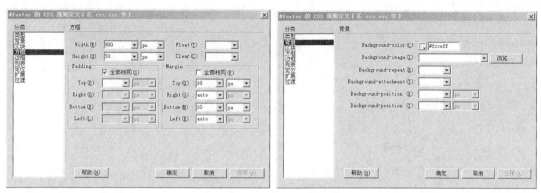

图 3-34　footer 样式设置

这一部分称之为网页的底部，主要包括一些版权信息。

至此，一个通用样式的网页布局就搭建完成了，由于不同的网页布局要求不同，我们应多加练习才能灵活运用。

3. 布局的种类

网页的布局可分为固定宽度布局和可变宽度布局。固定宽度是指网页的宽度是固定的，比如 1000px，它不会随着浏览器大小的改变而改变；可变宽度是指当浏览器的窗口大小发生变化的时候，网页的宽度也会随之发生变化，比如将网页宽度设置为 85%，表示它的宽度永远是浏览器宽度的 85%。

（1）固定宽度布局

固定宽度布局，网页不会随着浏览器大小的改变而改变，所以固定宽度布局用得很广泛，也适合于初学者使用，其常用的方法就是将所有栏都浮动，在案例 3-12 中，我们应用的页面布局就采用了这种固定宽度布局方式。

（2）可变宽度布局

可变宽度布局是一种较为流行的布局方式，以下介绍 3 种常用的可变布局模式。

① 两列（或多列）等比例变化布局。

这种等比例变化布局的实现比较简单，将固定宽度布局中固定宽度的值改为百分比就可以了。百分比是相对于父元素而言的，比如宽度为 50%就是该元素的宽度是父元素的 50%。

② 单列可变宽布局（浮动法）。

在实际的应用中，只有单列宽度变化，而其他保持固定的布局可能会更加实用。一般在存在多个列的页面中，通常比较宽的一个列是用来放置内容的，而窄列放置链接、导航等内容。这些内容一般宽度是固定的，不需要扩大，因此如果能把内容列设置为可以变化，而其他列固定，将会是一个很好的方式。

这种布局形式应用浮动法，一列固定宽度，一列根据浏览器窗口大小自动适应。比如常见的博客类网站，侧边的导航栏宽度固定，主体内容栏宽度可变。

下面案例中，实现左侧固定，右侧宽度可变。

网页结构代码如下：

```
#left {
 background-color: #ffff99;
 height: 280px;
 width: 200px;
 float: left;
 margin-left: 10px;
 margin-top: 10px;
}
#right {
 background-color: #ffcc99;
 height: 280px;
 margin-top: 10px;
 margin-right: 10px;
}
```

此案例实现了左侧固定宽度，右侧将根据浏览器窗口大小自适应，单列可变布局在网站中经常用到，不仅右侧，左侧同样可以自适应，方法是一样的。

③ 中间列可变宽布局（绝对定位法）。

两侧列固定，中间变宽的布局也是一种常用的布局形式，这种形式的布局通常把两侧列设置为绝对定位元素，并设置固定宽度。

案例 3-14：中间列可变布局设计。

网页结构代码如下：

```
<body>
<div id="top">top</div>
<div id="main">
  <div id="left">left</div>
  <div id="content">content</div>
<div id="right">right</div>
</div>
<div id="bottom">bottom</div>
</body>
```

块元素#main 样式如下：

```
#main{
 height: 300px;
 width: 80%;
 margin-right: auto;
 position: relative;
 margin-left: auto;
}
```

块#main 为父元素，设置其为相对定位，使得 left、right 块以它为基准进行绝对定位。
其他块元素样式如下：

```
#left {
 background-color: #ffff99;
 height: 280px;
 width: 200px;
 float: left;
 position: absolute;
 left: 0px;
 top: 0px;
}
#right {
 background-color: #ffcc99;
 height: 280px;
 width: 200px;
 position: absolute;
 top: 0px;
 right: 0px;
}
#content {
 margin-right: 200px;
 margin-left: 200px;
 background-color: #C69;
}
```

3.4　任务实施

3.4.1　分析系部网站首页整体结构

【任务背景】

某学院计算机技术系要建立本系部网站，现已由网站策划人员先期分析了网站的目的、
功能定位及内容规划，并根据功能定位先行设计了网站效果图。

【任务要求】

根据已经收集好的素材及网站规划进行网站的整体页面布局。

【任务分析】

效果图导出之后，我们就可以使用这些素材在 Dreamweaver 着手进行布局了，现在的
布局技术包括表格布局和 Web 标准布局，也就是俗称的 DIV+CSS 布局，本项目我们主要
使用 Web 标准来布局页面。

【任务详解】

（1）在具体布局之前，首先分析一下页面的构成，目的是明确所需要创建页面的布局结构，如图 3-35 所示。

图 3-35 页面的布局形式

（2）打开在上一章中已经创建好的名为 jsjxWeb 的站点。

（3）在"文件面板"的空白区域中单击鼠标右键，在弹出的菜单中选择"新建文件"命令，创建一个新的网页文件，并且更改文件名为"index.html"。

（4）双击打开"index.html"文件，在 Dreamweaver 的编辑窗口打开页面。

（5）选择【文件】/【新建】（快捷键为"Ctrl+N"）命令，在弹出的"新建文档"对话框中选择【空白页】/【CSS】，单击"确定"按钮，创建一个空白的样式表文件，如图 3-36 所示。

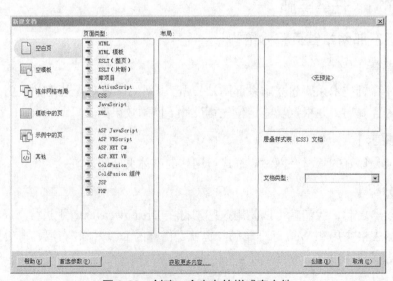

图 3-36 创建一个空白的样式表文件

（6）选择【文件】/【保存】命令，把这个空白的样式表文件保存到当前站点的名为"CSS"的文件夹中，并且取名为"index.css"。

（7）打开"index.html"页面，选择【窗口】/【CSS 样式】命令，打开"CSS 样式"面板。单击"CSS 样式"面板右下角的"附加样式表"按钮 🔘，在弹出的"链接外部样式表"对话框中单击"浏览"按钮，进行相应设置，选择名为 "index.css"的样式表文件，如图3-37 所示。

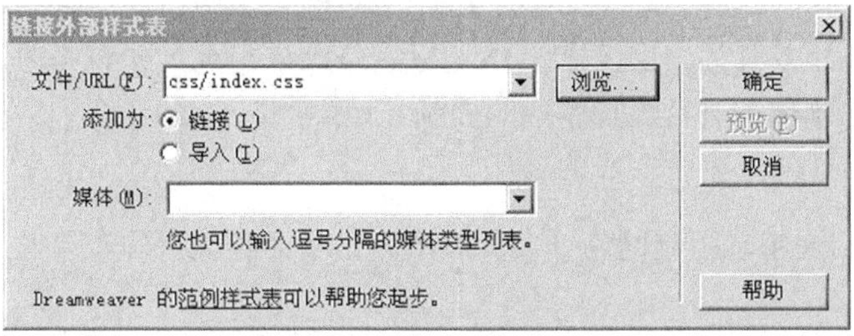

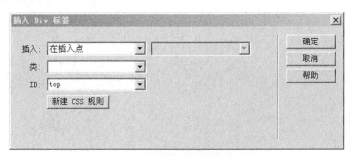

图 3-37　链接外部样式表

（8）设置完毕，单击"确定"按钮，这样就把样式表文件"index.css"和网页文件"index.html"进行了关联。而这个操作实际上就是在网页文件"index.html"中的"head"区域中添加了如下的代码：

```
<link href="css/index.css" rel="stylesheet" type="text/css">
```

（9）首先根据分析得出的页面结构搭建整个网页的页面布局。切换到 index.css"的编辑窗口，定位到"body"标签，添加以下标记。

```
<div id="top"></div>
<div id="nav"></div>
<div id="flash"></div>
<div id="con">
    <div id="con_r"></div>
    <div id="con_l"></div>
</div>
<div id="con_b"></div>
<div id="footer"></div>
```

也可以通过单击"插入 Div 标签"对话框中的"确定"按钮由系统自动生成代码，"插入 Div 标签"对话框如图 3-38 所示。

图 3-38　应用界面构建页面结构

如图 3-38 所示，以 ID 名称是"top"为例，页面其他框架结构操作方式相同，在此不再赘述。至此，页面布局与规划已全部完成，接下来我们要做的就是开始书写 HTML 代码和 CSS。

3.4.2　制作系部网站首页页眉

【任务背景】

在上一节中，我们已经实现了工作任务的 DIV 框架结构布局，但是效果离我们要实现的网页布局效果还相差甚远，仅仅依靠 DIV 标签是无法实现页面布局的，我们必须要配合 CSS 来对网站的各个部分进行更加精确的控制。

【任务要求】

通过 CSS 规则来精确控制网站首页页眉部分，从而实现页面布局效果。

【任务分析】

完成 ID 名称为 top 的 DIV 区块的 CSS 设置。

【任务详解】

（1）首先切换到样式表文件"index.css"，添加下列样式代码对整个页面的样式进行定义，也可以通过如图 3-39 所示对话框进行设置。

```
body{
font-size:12px;
margin-top:0px;
background:url(../images/bg.jpg)
no-repeat top #fff;
}
```

图 3-39　设置页面 CSS 样式

（2）接下来在样式表中定义"top"的样式，也就是定义页眉的结构，此处可以在 CSS 规则定义选项卡中进行设置，如图 3-40 所示，也可以添加下列样式代码。

```
#top
{
width: 1000px;
height: 121px;
background:
url(../images/gyjsxy_r1_c3.jpg) no-repeat 0px 0px;
margin-right: auto;
margin-left: auto;/*控制页面水平居中*/
}
```

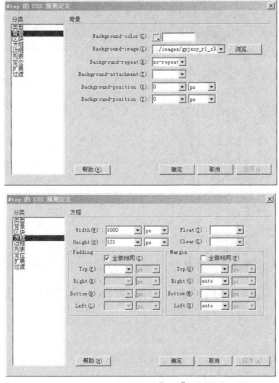

图 3-40 设置页面"top"的样式

注意：CSS 中首选的让元素水平居中的方法是使用 margin 属性将元素的 margin-left 和 margin-right 属性设置为 auto 即可。在实际使用中，我们可以为这些需要居中的元素创建一个起容器作用的 div。需要特别注意的一点就是，必须为该容器指定宽度。

3.4.3 制作系部网站首页导航栏

【任务要求】

通过 CSS 规则来精确控制网站首页导航栏部分，从而实现页面布局效果。

【任务分析】

完成 ID 名称为 nav 的 DIV 区块及内部导航栏的 CSS 样式设置。

【任务详解】

（1）在名称为"nav"的 DIV 结构中插入列表，并为列表项设置空链接，代码如下。

```
<ul>
    <li><a href="#">专业首页</a></li>
    <li><a href="#">本系简介</a></li>
    <li><a href="#">专业介绍</a></li>
    <li><a href="#">实训基地</a></li>
    <li><a href="#">技能大赛</a></li>
    <li><a href="#">师资队伍</a></li>
```

```
    <li><a href="#">市场调研</a></li>
    <li><a href="#">党团建设</a></li>
    <li><a href="#">招生专栏</a></li>
    <li><a href="#">就业保障</a></li>
</ul>
```

本部分代码浏览器显示如图 3-41 所示。

- 专业首页
- 本系简介
- 专业介绍
- 实训基地
- 技能大赛
- 师资队伍
- 市场调研
- 党团建设
- 招生专栏
- 就业保障

1. 专业首页
2. 本系简介
3. 专业介绍
4. 实训基地
5. 技能大赛
6. 师资队伍
7. 市场调研
8. 党团建设
9. 招生专栏
10. 就业保障

图 3-41　无序列表样式　　　　图 3-42　有序列表样式

大多数网站都包含某种形式的列表，如新闻列表、活动列表、链接列表等，在此详细介绍列表标签的使用。

① 无序列表。

所谓无序列表，是指列表中的各个元素在逻辑上没有先后顺序的列表形式。此项目默认使用典型的小黑圆圈进行标记。

大部分网页应用中的列表均采用无序列表，其列表标签采用<ul></ul>，编写方法如下：

```
<ul>
<li>无序列表项一</li>
<li>无序列表项二</li>
<li>无序列表项三</li>
</ul>
```

② 有序列表。

有序列表也是一列项目，列表项目使用数字进行标记。如果列表条目的顺序非常重要，就应该使用有序列表。相比较无序列表，有序列表会在列表条目前按顺序添加编号。编写方法如下：

```
<ol>
<li>有序列表项一</li>
<li>有序列表项二</li>
<li>有序列表项三</li>
</ol>
```

图 3-41 与图 3-42 所示对比显示了有序列表和无序列表在浏览器中的显示方式。

另外，我们可以通过列表样式设置列表项标记的类型、列表项目标记的位置，或者将图片作为列表项的标记。可参考图 3-8 具体内容。

本项目网站多次用到列表，如图 3-43 和图 3-44 所示，它们的实现方法相同，后面不再阐述。

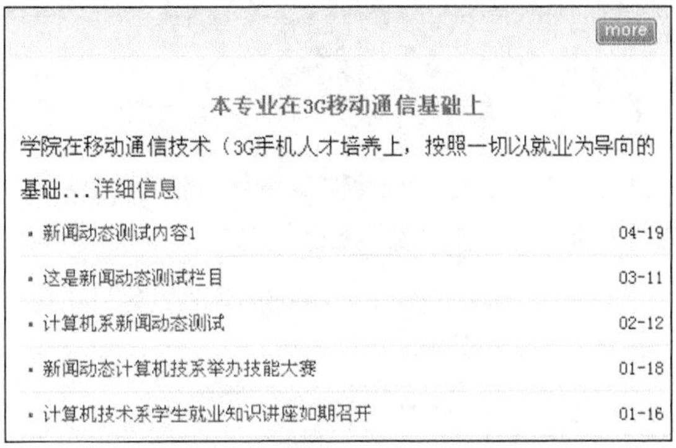

图 3-43　新闻动态列表效果图

图 3-44　新闻公告列表效果图

（2）切换到样式表文件"index.css"，添加下列样式代码对样式进行定义。

```
ul,li{margin:0px; padding:0px; list-style:none;}
```

说明　　　如果两个或两个以上 CSS 样式相同，则中间可以用逗号隔开合并为一个样式，也称为样式集体声明。

其中，代码 list-style:none，设置的目的是为了取消列表前面的黑色圆点，因为我们不需要这些圆点，通过这个样式可以自定义列表前面符号的样式；margin:0px，样式的设计是为了删除 ul 的缩进，这样做可以使所有的列表内容都不缩进。

（3）在样式表文件"index.css"中追加以下代码用于设置名称为 nav 的 DIV 区块 CSS样式。

```
#nav
{
width: 1000px;
height: 37px;
font-weight: bold;
font-size: 14px;
background: url(../images/gyjsxy_r3_c44.jpg) repeat-x 0px 0px;
```

```
margin-right: auto;
margin-left: auto;
}
#nav li {float:left;/*float:left 可以让导航内容同行显示*/}
```

也可以在 CSS 样式规则选项卡中设置 "nav" 的样式，如图 3-45 所示。

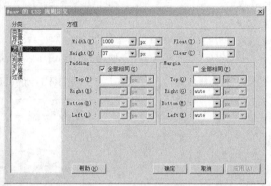

图 3-45　设置页面 "nav" 的样式

　　网页中的图像、动画等素材都有自己固定的存放位置，网页只是通过路径使用 HTML 语言来访问它们，然后把它们显示在网页中。在网页中的路径大体可分为相对路径和绝对路径，大部分情况都是使用相对路径的，比较方便实用。使用绝对路径的情况较少。

二者区别

　　绝对路径： 我们平时使用计算机时要找到需要的文件就必须知道文件的位置，而表示文件的位置的方式就是路径，例如只要看到这个路径 "c:/website/img/photo.jpg"，我们就知道 photo.jpg 文件是在 c 盘的 website 目录下的 img 子目录中。类似于这样完整的描述文件位置的路径就是绝对路径。我们不需要知道其他任何信息就可以根据绝对路径判断出文件的位置。而在网站中类似以 "http://www.merat.cn/img/photo.jpg" 来确定文件位置的方式也是绝对路径。

　　相对路径： 所谓相对路径，顾名思义就是自己相对于目标位置，不论将这些文件放到哪里，只要它们的相对关系没有变，就不会出错。通常，我们使用 "/" 来表示根目录，"../" 来表示上一级目录，"/img/photo.jpg" 表示 photo.jpg 文件在这个网站的根目录上的 img 目录里。

　　以下面的目录结构为例：

```
--works
  ----Images
      ----aaa.jpg
  ----css
      ----bbb.css
      ----file
      ----ccc.html
```

如果 "ccc.html" 文件中要链接 "bbb.css" 文件，则应该在 "ccc.html" 中这样书写代码：

```
<link href="../css/bbb.css" type="text/css" ref="stylesheet" />
```

如果在"bbb.css"中需要指定 Images 目录中的"aaa.jpg"元素为背景图片，则应该在"bbb.css"文件中应该这样书写路径代码：

```
.bg { background: url(../Images/aaa.jpg); }
```

（4）调整导航栏列表的 CSS 样式，把纵向列表调整为横向列表，让导航内容在同一行显示。

```
#nav li{float:left;/*float:left 可以让导航内容同行显示*/}
```

（5）修改菜单的超链接样式，如图 3-46 所示，也可以加入如下代码。

```
#nav a{margin:0 20px; line-height:37px; vertical-align:middle; }
/*样式设置中 margin:0 20px 的作用就是让列表内容之间产生一个 20 像素的距离。*/
#nav a:link,#nav a:visited{color:#fff; text-decoration:none;/*无文字修饰效果*/}
#nav a:hover,#nav a:active{color:#fff; text-decoration:underline; }
/*文字修饰效果下划线*/
```

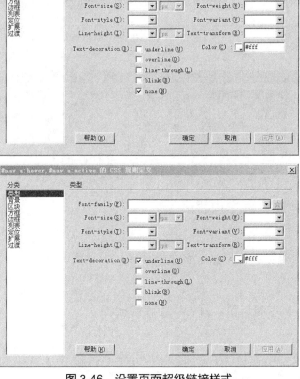

图 3-46　设置页面超级链接样式

默认状态下，创建的超级链接的文字颜色为蓝色，并带有下划线，访问之后变为紫色。如果想要修改这种颜色，需要用 CSS 样式设置超级链接的 a:link、a:visited、a:hover、a:active 状态的样式。

a:link 是超级链接的初始状态。

a:hover 是把鼠标放上去时悬停的状态。

a:active 是鼠标单击时，即鼠标左键单击链接对象与释放鼠标右键之间很短暂样式效果。

a:visited 是访问过后的状态。

一般网站需要设置的是"a:link""a:visited""a:hover" 3 种状态，"a:active"状态设置较少。

（6）预览测试显示效果，如图 3-47 所示。

图 3-47　菜单在网页中的显示效果

 说明　名称为"flash"的 DIV 结构部分为网页的通栏，以横贯页面的形式出现，该广告形式尺寸较大，视觉冲击力强，能给网络访客留下深刻印象，效果如图 3-48 所示。它的内部应用了 JS 代码实现图片轮换特效，将在项目 4 进行详细介绍。

图 3-48　名称为"flash"的网页通栏效果

3.4.4　制作系部网站首页主内容区

【任务要求】

通过 CSS 规则来精确控制网站首页主内容区域，从而实现页面布局效果。

【任务分析】

完成网站主内容区域布局设计及内容版式设计。

【任务详解】

此部分我们将完成 ID 名称为 con 的 DIV 区块的 CSS 设置，此部分包含左右两个子 DIV，在此我们主要完成框架整体布局及内容版式设计。

（1）首先切换到文件"index.html"，定位到主内容区整体构架代码部分，分别为左右两部分 DIV 区域设置 CSS 规则，如图 3-49 所示。

```
<div id="con">
    <div id="con_r"></div><!--主内容区左部分-->
    <div id="con_l"></div><!--主内容区右部分-->
</div>
```

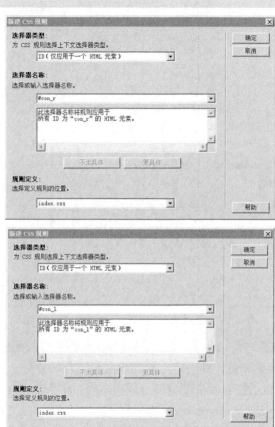

图 3-49　设置主内容区左右两部分 CSS 规则

以上，我们想设计两个 DIV 左右并排的布局方式，一般在使用过程中，对于复杂的页面布局，最好采用两个 DIV 外面再添加一个 DIV 的布局方式，以便于后期维护。

（2）为主内容区构架的以上 3 个 DIV 进行样式设定，如图 3-50 所示，也可加入如下代码完成框架布局定义。

```
#con{
width: 1000px;
margin-right: auto;/ *居中显示*/
margin-left: auto; /*居中显示*/
}
#con_r {width:745px; float:left;/ *左对齐*/}
#con_l {width:245px; float:right;/ *右对齐*/}
```

注意： 如果在进行并列布局时，出现两个以上并列布局的情况，我们只要设置最右边一个 DIV 的浮动属性为右对齐，其他的均设置为左对齐即可。

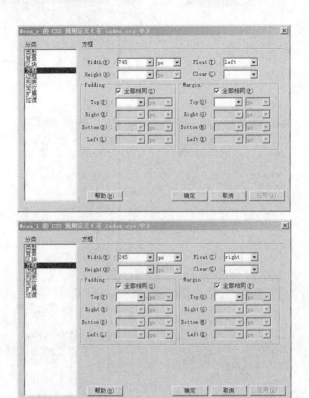

图 3-50　设置主内容区左右两部分 CSS 样式

　　在没有加入页面内容之前，为了测试布局效果，我们可以应用色块来进行测试，即为每一块 DIV 添加一个背景颜色，并给定一个高度来测试布局效果。

　　（3）分别为主内容区的左右两个部分进行详细布局，布局规划如图 3-51 和图 3-52 所示。

图 3-51　设置主内容区左边部分布局　　　图 3-52　设置主内容区右边部分布局

从布局来分析，左边部分主要从上到下垂直并列分为 3 个部分；右边部分主要从上到下垂直并列分为了 4 个部分。

其中，左边布局构架代码如下：

```
<div id="con">
  <div id="con_r">
    <div class="con_r_a">/*新闻动态区块*/
    </div>
    <div class="con_r_b">/*专业介绍区块*/
    </div>
    <div class="con_r_c">/*就业广场区块*/
    </div>
</div>
</div>
```

右边布局构架代码如下：

```
<div id="con_l">
    <div class="banner">/*精品课程、培训中心、校友之家、视频校园区块*/
    </div>
    <div class="title_a">/*新闻公告标题区块*/
    </div>
    <div class="con_l_a">/*新闻公告内容区块*/
    </div>
    <div class="con_l_b">/*合作企业区块*/
    </div>
</div>
```

针对左边较复杂的内容，又应用 DIV 嵌套布局进行了详细设计，只要掌握了 DIV 结合 CSS 进行布局的方法，就可以布局出复杂的页面，在此不再赘述，附以下代码供参考：

```
<div id="con">
  <div id="con_r">
    <div class="con_r_a">
      <div class="title_b"><span><a href="#"><img src="images/gyjsxy_r8_c34.jpg" width="41" height="17" /></a></span>
          <h3>新闻动态</h3>
      </div>
      <div class="con_r_a_nr">
        <div id="con_l_a_pic">
          <div style="text-align:center; height:220px; background:#F2F2F2; padding-top:5px;">
          </div>
        </div>
```

```
        <div id="con_l_a_news">
        <div class="first">
        <p><strong>本专业在 3G 移动通信基础上</strong>学院在移动通信技术（3G 手机
人才培养上，按照一切以就业为导向的基础...<a href="#">详细信息</a></p>
        </div>
        <ul class="all_b">
        <li><span>03-16</span><a href="#">总政治部表彰的移交政府安置的先进军
队</a></li>
        <li><span>03-16</span><a href="#">总政治部表彰的移交政府安置的先进军
队</a></li>
        <li><span>03-16</span><a href="#">总政治部表彰的移交政府安置的先进军
队</a></li>
        <li><span>03-16</span><a href="#">总政治部表彰的移交政府安置的先进军
队</a></li>
        <li><span>03-16</span><a href="#">总政治部表彰的移交政府安置的先进军
队</a></li>
        </ul>
        </div>
        </div>
        </div>
        <div class="con_r_b">
        <div class="title_g"><span><a href="#">更多>></a></span>
        <h3>专业介绍</h3></div>
        <div class="img-scrolla">
    <span class="preva"></span>
    <span class="nexta"></span>
        <div class="img-lista">
        <ul>
        <li><img  src="images/gyjsxy_r22_c13.jpg"  width="137"  height="105"
/><p>软件技术专业</p></li>
        <li><img  src="images/gyjsxy_r22_c21.jpg"  width="137"  height="105"
/><p>计算机网络技术专业</p></li>
        <li><img  src="images/gyjsxy_r22_c26.jpg"  width="137"  height="105"
/><p>计算机信息管理专业</p></li>
        <li><img  src="images/gyjsxy_r22_c30.jpg"  width="137"  height="105"
/><p>图形图像制作专业</p></li>
        </ul>
        </div>
        <div class="img-lista">
```

```
      <ul>
        <li><img  src="images/gyjsxy_r25_c12.jpg"  width="137"  height="105"
/><p>软件技术特色班</p></li>
          <li><img  src="images/gyjsxy_r25_c22.jpg"  width="137"  height="105"
/><p>移动通信 3G 手机软件</p></li>
          <li><img  src="images/gyjsxy_r26_c27.jpg"  width="137"  height="105"
/><p>移动通信 3G 移动通信</p></li>
          <li><img  src="images/gyjsxy_r26_c31.jpg"  width="137"  height="105"
/><p>计算机 3G 智能构建</p></li>    </ul>
      </div>
      </div>


      </div>
    <div class="con_r_c">
      <div class="con_r_c_l">
        <div class="title_e"><span><a href="#">更多>></a></span>
          <h3>就业广场</h3>
        </div>
        <div class="first"><img src="images/gyjsxy_r32_c7.jpg" alt="" />
          <p>学院在移动通信技术（3G 手机人才培养上，按照一切以就业为导向的基础...</p>
        </div>
        <ul class="all_ba">
          <li><span>03-16</span><a href="#">总政治部表彰的移交政府安置的先进军队
</a></li>
          <li><span>03-16</span><a href="#">总政治部表彰的移交政府安置的先进军队
</a></li>
          <li><span>03-16</span><a href="#">总政治部表彰的移交政府安置的先进军队
</a></li>
        </ul>
      </div>
      <div class="con_r_c_r">
        <div class="title_e"><span><a href="#">更多>></a></span>
          <h3>就业广场</h3>
        </div>
        <div class="first"><img src="images/gyjsxy_r32_c7.jpg" alt="" />
          <p>学院在移动通信技术（3G 手机人才培养上，按照一切以就业为导向的基础...</p>
        </div>
        <ul class="all_ba">
          <li><span>03-16</span><a href="#">总政治部表彰的移交政府安置的先进军队
```

```
</a></li>
          <li><span>03-16</span><a href="#">总政治部表彰的移交政府安置的先进军队
</a></li>
          <li><span>03-16</span><a href="#">总政治部表彰的移交政府安置的先进军队
</a></li>
        </ul>
      </div>
    </div>
    </div>
    <div id="con_l">
    <div class="banner"> <a href="#"><img src="images/gyjsxy_r6_c39.jpg"
width="245" height="60" /></a>
      <a href="#"><img src="images/gyjsxy_r13_c39.jpg" width="245" height="60"
/></a>
      <a href="#"><img src="images/gyjsxy_r15_c39.jpg" width="245" height="60"
/></a>
      <a href="#"><img src="images/gyjsxy_r17_c39.jpg" width="245" height="61"
/></a></div>
      <div class="title_a"><span><a href="#">更多>></a></span>
      <h3>新闻公告</h3>
      </div>
      <div class="con_l_a">
      <div class="first"><img src="images/gyjsxy_r46_c9.jpg" alt="" />
          <p>学院在移动通信技术（3G 手机人才培基础</p>
      </div>
      <ul class="all_ba">
          <li><span>03-16</span><a href="#">总政治部表安置的先进军队</a></li>
          <li><span>03-16</span><a href="#">总政治部表彰的置的先进军队</a> </li>
          <li><span>03-16</span><a href="#">总政治部表彰的安置的先进军队</a></li>
          <li><span>03-16</span><a href="#">总政治部表安置的先进军队</a></li>
          <li><span>03-16</span><a href="#">总政治部表彰的移交先进军队</a></li>
          <li><span>03-16</span><a href="#">总政治部表彰的移先进军队</a></li>
          <li><span>03-16</span><a href="#">总政治部表彰的移交政府进军队</a></li>
          <li><span>03-16</span><a href="#">总政治部表彰的移交先进军队</a></li>
          <li><span>03-16</span><a href="#">总政治部表彰的移先进军队</a></li>
          <li><span>03-16</span><a href="#">总政治部表彰的移交先进军队</a></li>
      </ul>
      </div>
      <div class="con_l_b"><div class="title_c"><span><a href="#">更多>></a>
```

```
</span>
        <h3>合作企业</h3>
    </div>
    <div   class="link_qy"><a   href="#"><img   src="images/gyjsxy_r33_c40.jpg"
width="105"   height="33"   /></a><a   href="#"><img   src="images/gyjsxy_r33_c42.jpg"
width="105"   height="33"   /></a><a   href="#"><img   src="images/gyjsxy_r36_c40.jpg"
width="105"   height="33"   /></a><a   href="#"><img   src="images/gyjsxy_r36_c42.jpg"
width="105"   height="33"   /></a><a   href="#"><img   src="images/gyjsxy_r40_c40.jpg"
width="105"   height="33"   /></a><a   href="#"><img   src="images/gyjsxy_r40_c42.jpg"
width="105" height="33" /></a><div></div>
    </div>

  <div style="clear:both;"></div>
  </div>
  </div>
  </div>
```

说明　　　本案例中用到的网页特效，如图片轮番显示、按钮控制换图片等效果，将在项目 4 中进行详细介绍。

（4）主内容区文本样式设计。

文本排版是网页设计时必不可少的内容。一个成功的文本排版，不仅可以使页面整齐美观，而且更能方便用户管理和更新，相反，不合理的排版方式也会给页面带来不必要的麻烦，在视觉上还会给读者带来疲劳的感觉，要想制作出好的页面，在文中排版方面就应该避免字间距太挤或太宽，行间距太小或太大，段间距太少或太多，行文字太多或太少等诸如此类的问题。

在网页中利用 CSS 样式几乎可以控制文本的所有属性，如表 3-9 和表 3-10 所示。

表 3-9　CSS 常用字体属性

属性	描述
font	简写属性。作用是把所有针对字体的属性设置在一个声明中
font-family	设置字体系列
font-size	设置字体的尺寸
font-style	设置字体风格
font-variant	以小型大写字体或者正常字体显示文本
font-weight	设置字体的粗细

表 3-10　CSS 常用文本属性

属性	描述
text-align	设定文本的对齐方式，取值如下： • left (居左，缺省值) • right (居右) • center (居中) • justify (两端对齐)
text-decoration	设定文本划线的属性，取值如下： • none (无，缺省值) • underline (下画线) • overline (上画线) • line-through (当中画线)
text-indent	设定文本首行缩进。其值有以下设定方法： • length (长度，可以用绝对单位<cm、mm、in、pt、pc>或者相对单位<em, ex、px>) • percentage (百分比，相当于父对象宽度的百分比)
line-height	设定每行之间的距离。其值有以下设定方法： • normal (缺省值) • length (长度，可以用绝对单位<cm、mm、in、pt、pc>或者相对单位<em、ex、px>) • percentage (百分比，相当于父对象高度的百分比)
letter-spacing	设定文字之间的距离
color	设定文本的字体颜色

设计如图 3-53 所示主内容区文本样式效果

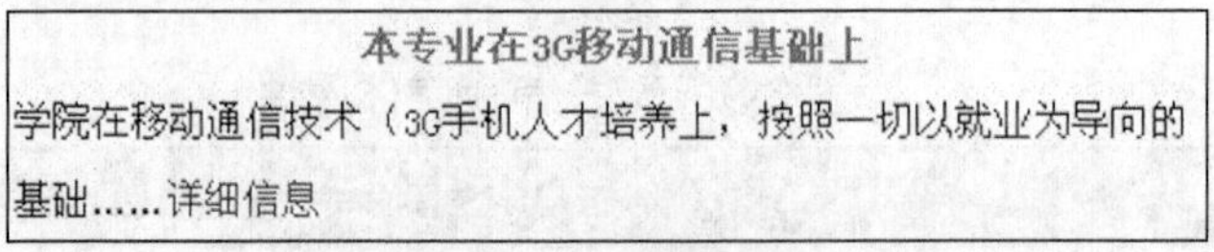

图 3-53　文本样式设计

文本版式设计实现代码如下：

```
<div class="first">
   <p><strong>最新动态</strong>学院在移动通信技术（3G 手机人才培养上，按照一切以就业
为导向的基础...<a href="#">详细信息</a></p>
   </div>
```

CSS 样式设置如下：

```
.con_r_a_nr #con_l_a_news .first p
{
padding-top:8px;
font-size:14px;/*设计字体*/
}
.con_r_a_nr #con_l_a_news .first p strong
{
display:block;
 text-align:center;/*设定文字居中显示*/
 height:26px;
  color:#0E7FCD; /*设定文字颜色*/
}
```

（5）主内容区图像添加。

图像是网页中不可缺少的元素，在网页制作过程中，除了要添加文本内容外，通常还会插入大量图片，它可以美化网页，使网页看起来更加美观大方。巧妙地在网页中插入图像是美化网页的最直接有效的方法。

网页中的图片一般大致分为 GIF、JPEG、PNG 三种图像格式。 平时最常用的图像格式是 GIF 和 JPEG 格式，大多数的浏览器都可以支持。

在网页中显示图像有两种方法：一是把图像直接插入到网页（从站点文件中找到图片直接拖拽到相应位置），即可插入一个<img>标签；二是将图像作为背景嵌入到网页中。

<img>标签常用属性如表 3-11 所示：

表 3-11　<img>标签常用属性

属性	描述
alt	规定图像的替代文本
src	规定显示图像的 URL
height	定义图像的高度
width	定义图像的宽度

```
<div id="con_l">
  <div class="banner">
<a href="#">
<img src="images/gyjsxy_r6_c39.jpg" width="245" height="60" /></a>
   <a href="#">
<img src="images/gyjsxy_r13_c39.jpg" width="245" height="60" /></a>
   <a href="#">
<img src="images/gyjsxy_r15_c39.jpg" width="245" height="60" /></a>
   <a href="#">
```

```
<img src="images/gyjsxy_r17_c39.jpg" width="245" height="61" /></a>
</div>
</div>
```

效果如图 3-54 所示。

图 3-54 增加图像

（6）主内容区图文混排。

在网站上，我们经常看到一些图片和文字混合排列在一起，从而更好地表达了网站的主题信息，我们把这种排版方式称之为"图文混排"。

图文混排效果可以通过浮动定位的方式来实现，即通过设定 float 属性来达到文字内容围绕在图片周围，也可以利用<img>标记自身的 align 属性结合在一起使用。

```
.con_r_c_l .first img    {
padding:1px;
margin-right:8px;
border:1px solid #ccc;
float:left;    /*设置图片左浮动*/
}
```

主内容区图文混排设计效果前后对比，如图 3-55 和图 3-56 所示。

图 3-55 图文混排之前效果

图 3-56 图文混排之后效果

3.4.5 制作系部网站首页页脚

【任务要求】

通过 CSS 规则来精确控制网站首页页脚部分，从而实现页面布局效果。

【任务分析】

完成 ID 名称为 footer 的 DIV 区块的 CSS 设置。

【任务详解】

（1）首先切换到首页文件"index.html"，添加下列样式代码构建首页布局。

```
<div id="footer">
   <p>学校地址：***************** 邮编：050091   联系电话：**************</p>
   <p>版权所有：***************** Copyright @ 2010 </p>
</div>
```

（2）切换到样式表文件"index.css"，如图 3-57 所示，设置 footer 部分样式，或键入如下代码添加样式均可。

```
#footer
{
height: 80px;
background: url(../images/gyjsxy_r46_c8.jpg) repeat-x 0px 0px;
text-align: center;
clear:both;/*用于清除浮动属性。使用 clear 属性可以让元素边上不出现其他浮动元素。*/
line-height: 22px;
padding-top: 20px;
width: 1000px;
margin-right: auto;
margin-left: auto;
}
```

图 3-57　设置 footer 部分 CSS 样式

（3）预览查看显示效果如图 3-58 所示。

学校地址：************** 邮编：***************　　联系电话：**************
版权所有：******************************* Copyright @ 2015

图 3-58　名称为"footer"的页脚 CSS 样式设计

3.5　任务拓展

3.5.1　网站策划

网站策划可以说是整个网站建设的前提，网站策划中包括网站用户需求分析，网站信息组织、网站导航设计、网站功能需求分析以及网站推广方案等一系列内容。通过网站策划，可以确定的因素包括：网站的类型、网站导航的规划、网站的整个风格（CI 要素）、网站的功能和网页布局，如图 3-59 所示。而这些因素都是可以直接在网页效果图中体现出来的。

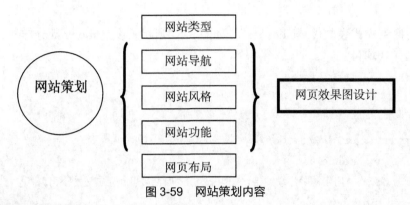

图 3-59　网站策划内容

1．收集客户资料

可以通过目标客户、专业网站、行业网站、搜索引擎等方式和渠道搜集客户相关资料，尽可能地做好前期的准备工作。

2．分析网站类型

根据前期收集的资料和客户进行沟通，确定网站的内容、类型和功能。根据公司的需要和计划，确定网站的功能类型：企业型网站、应用型网站、商业型网站等，根据网站本身的定位，通过 Google 和百度搜索相同类型的页面以作设计上的参考。

3．确定网站风格

网站风格要通过网站的内容和功能来确定。

4．网站内容及实现方式

● 根据网站的目的确定网站的结构导航。
● 确定网站的结构导航中的每个频道的子栏目。
● 确定网站内容的实现方式，如使用动态程序数据库还是静态页面。

5．网页设计

● 网页美术设计要求，网页美术设计一般要与企业整体形象一致，要符合企业XI规范。要注意网页色彩、图片的应用及版面策划，保持网页的整体一致性。
● 在新技术的采用上要考虑主要目标访问群体的分布地域、年龄阶层、网络速度、阅读习惯等。
● 制定网页改版计划，如半年到一年时间是否进行较大规模改版等。

6．网站维护

● 服务器及相关软硬件的维护，对可能出现的问题进行评估，制定响应时间。
● 数据库维护，有效地利用数据是网站维护的重要内容。
● 内容的更新、调整等。

7．网站测试

网站发布前要进行细致周密的测试，以保证正常浏览和使用，主要测试内容包括：

● 浏览器兼容性测试。

● 文字、图片是否有错误。

● 程序及数据库测试。

● 链接是否有错误。

8．网站发布与推广

以上为网站策划中的主要内容，根据不同的需求和建站目的，内容也会再增加或减少。在建设网站之初一定要进行细致的策划，才能达到预期建站目的。

3.5.2 应用 Photoshop 设计网页效果图

网页效果图设计是网站项目开发中非常重要的一环，是通过技术手段来设计网页的视觉效果。效果图的好坏，直接影响到整个网站的质量。通过设计网页效果图，网页设计师可以把对网站的理解通过图像的方式表现出来，然后让客户直观地进行审核，客户也可以通过对效果图的审核，提出自己的意见和建议，让设计师进行修改。最终实现一个能够让双方都满意的设计效果。网页效果图设计流程如下。

首先进行网站策划，然后由客户提交相关的图文资料，网页设计师根据策划的内容和收集的素材进行效果图设计；最后提交客户审核，双方就设计图中不满意的内容进行沟通协商，做进一步修改，直到审核通过为止。

在网页效果图的设计阶段，应按照绘制结构草图，在 Photoshop 中绘制辅助线、绘制结构底图、添加内容、对效果图进行切片、对切片进行优化、输出切片到 Dreamweaver 的顺序来依次进行。

在图像软件中设计网页效果图，总体可以分为 6 个步骤。

（1）创建辅助线

在具体设计前，应当考虑到网页的布局形式，可以根据策划阶段确定下来的网页布局草图，在 Photoshop 的画布中添加辅助线，目的是为了明确页面布局形式和面积。

需要注意的是，对于布局结构比较复杂的页面，辅助线不是一次就能够全部创建好的，而是设计哪一部分内容就创建哪一部分的辅助线，否则辅助线过多会使页面混乱。

（2）绘制结构底图

根据创建好的辅助线，使用 Photoshop 相应工具把网页效果图中带有底色的"矩形块"依次绘制出来，形成一个整体的布局效果。

这里的"矩形块"只是一个统称，它可以是任意的形状。除了得到形状以外，还可以直接对这些"矩形块"配色，或添加纹理、滤镜，从而在整体上对页面的配色方案进行控制。

（3）添加内容

结构底图绘制完毕后，就可以开始在网页效果图中添加实际的内容了，包括文字和图像，从而完成最终的效果图方案。

添加图像的时候，如何选择最合适的图像素材，如何对图像素材进行处理是非常重要的，可以说网页中图像设计的好坏，直接影响到整体的页面效果。

（4）切片

效果图制作完毕后，首先需要进行切片。如果把网页比喻成一幅图，那么切片工具就像是剪刀，使用切片工具可以把一张大图像裁剪成很多小图像。这样做的目的之一是为了加快下载速度。

切片的另外一个目的，也是最主要的目的是为了布局的需要。同一个网页效果图，按不同的方式布局就会得到不同的切片，并没有说哪一个才是"标准"的，所以要想灵活运用切片，必须熟悉流行的布局技术。

在对效果图进行切片时应注意以下事项：

- 切片一定要和所内容保持同样的尺寸，不能大也不能小。
- 切片不能重叠。
- 淡色区域不需要切片，因为可以写代码生成同样的效果。也就是说，凡是写代码能生成效果的地方都不需要切片。
- 重复性的图像只需要切一张即可。
- 多个素材重叠的时候，需要先后进行切片。例如背景图像上有按钮，就需要先切片按钮，然后把按钮隐藏，再切片背景图像。
- 如果图片非常复杂，无法布局，那么最简单的解决方法就是不再切图，直接用一张大图即可，但这种方法会影响网页的浏览速度，应尽量避免使用这种方法。

（5）优化

做 Photoshop 切片图片时必须要先根据需要的图片的精度，确定导出的格式，一般情况下，作为网页图片要求比较高的情况下，可以选择导出最佳的 JPEG 格式。

方法是：在"存储为 Web 和设备所用格式"里面把切片格式修改为 jpeg，如图 3-60 所示。

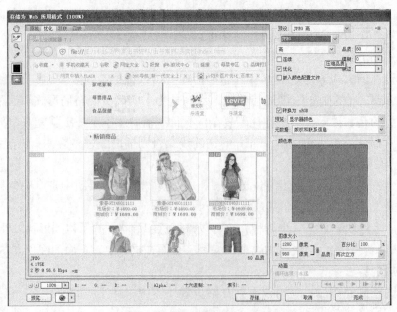

图 3-60　网站策划包含内容

我们可以根据需要把图片存储为不同的格式类型，以达到网页素材优化的目的。

（6）导出

- 首先我们选择一个页面，并对这个页面进行切片，如图3-61所示。

图 3-61　对页面进行切片

- 在上面这个切片图中，可以看到只切了一个切片，但是由 Photoshop 自动生成的还有其他切片，如果按默认输出的话，那么最后会把不需要的图片输出来。
- 那么如何让输出的切片根据我们的需要来输出呢，方法很简单，继续以上面的图为例。选择输出为 Web 格式并存储，此时在存储面板上，可以看到，切片那个下拉菜单里默认的是所有切片，这是问题的关键，因为默认是所有切片，所以无论切几个，最终都会输出所有切片。
- 切片下拉菜单中共有 3 项，分别是"所有切片""所有用户的切片""选中的切片"。根据字面意思可以知道，这里我们选择所有用户的切片，然后存储，这样就可以得到所需切片的图像了，如图 3-62 所示。

图 3-62　导出切片

当然，也可以使用切片选择工具，选择需要的切片，通过在存储时选择选中的切片来输出就可以随意输出我们需要的部分。

3.5.3　在网页中使用多媒体

世界是多姿多彩的，同样，我们需要的网络世界也是一样的。如今我们浏览的网站几乎都包含了精美的图片、悦耳的音乐、生动的影片等，这些都是多媒体元素。在网页中应用多媒体对象可以增强网页的娱乐性和感染力，多媒体成为最有魅力的方式，也是潮流的方向。

1．在网页中嵌入音频文件

在网页中加入背景音乐虽然简便，但是缺乏对音频文件的控制能力，比如浏览者不想听到背景音乐时，却无法使播放的声音停下来，并且背景音乐所支持的音频文件格式有限。因此可以通过使用媒体插件的方式嵌入声音文件。

网页中的音频文件格式为 MID、WAV，几乎所有的浏览器都支持这两种音频格式，所以客户端无需插件即对其支持，另外还有 MP3、RM、MWV、MOV 等格式。

我们可以应用<embed>标记在网页中插入音频文件，方法如图 3-63 所示。

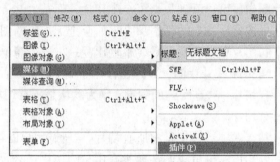

图 3-63　网页中插入多媒体元素

代码如下：

```
<embed src="gaoshanliushui.mp3" width="32" height="32"></embed>
```

<embed>标记常见属性有以下几种。

（1）自动播放

语法：autostart=true/false。

说明：该属性规定音频或视频文件是否在下载完之后就自动播放。

true：音乐文件在下载完之后自动播放。

false：音乐文件在下载完之后不自动播放。

示例代码如下：

```
<embed src=" gaoshanliushui.mp3" autostart=true>
```

（2）循环播放

语法：loop=正整数/true/false。

说明：该属性规定音频或视频文件是否循环及循环次数。

属性值为正整数值时，音频或视频文件的循环次数与正整数值相同。

属性值为 true 时，音频或视频文件循环。

属性值为 false 时，音频或视频文件不循环。

示例代码如下：

```
<embed src="gaoshanliushui.mp3" autostart=true loop=2>

<embed src=" gaoshanliushui.mp3" autostart=true loop=true>

<embed src=" gaoshanliushui.mp3" autostart=true loop=false>
```

（3）面板显示

语法：hidden=true/no。

说明：该属性规定控制面板是否显示，默认值为 no。

true：隐藏面板。

no：显示面板。

示例代码如下：

```
<embed src=" gaoshanliushui.mp3" hidden=ture>

<embed src=" gaoshanliushui.mp3" hidden=no>
```

（4）外观设置

语法：controls=console/smallconsole/playbutton/pausebutton/stopbutton/volumelever

说明：该属性规定控制面板的外观。默认值是 console。

console：一般正常面板。

smallconsole：较小的面板。

playbutton：只显示播放按钮。

pausebutton：只显示暂停按钮。

stopbutton：只显示停止按钮。

volumelever：只显示音量调节按钮。

示例代码如下：

```
<embed src=" gaoshanliushui.mp3" controls=smallconsole>
```

（5）开始时间

语法：starttime=mm:ss（分：秒）

说明：该属性规定音频或视频文件开始播放的时间。如果未定义则从文件开头播放。

示例代码如下：

```
<embed src="your.mid" starttime="00:10">
```

说明

在 HTML 5 中，此标签发生了变化，成为一个单标签，使用<embed src=url />这样的代码插入要使用的多媒体元素。

另外，我们还可以在网页中插入背景音乐，在代码视图的</head>前面加入如下代码：

```
<bgsound src="gaoshanliushui.mp3" loop="-1">
```

其中 loop 为播放的次数，如果值为-1 则次数不限制。

2. 在网页中嵌入视频文件

我们常常在网络上见到丰富多彩的视频文件，下面我们在网页中插入一个 FLV 格式的视频文件，方法如图 3-64 所示。

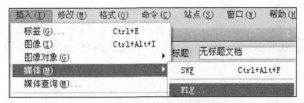

图 3-64　网页中插入视频元素

之后将会弹出如图 3-65 所示对话框，单击确定即可在网页中插入 FLV 格式的视频。

图 3-65　网页中插入视频元素

详细代码如下：

```
<object classid="clsid:D27CDB6E-AE6D-11cf-96B8-444553540000" width="720"
height="576" id="FLVPlayer">
    <param name="movie" value="FLVPlayer_Progressive.swf" />
    <param name="quality" value="high">
    <param name="wmode" value="opaque">
    <param name="scale" value="noscale">
    <param name="salign" value="lt">
    <param name="FlashVars" value="&amp;MM_ComponentVersion=1&amp; skinName=Clear_ Skin_
1&amp;streamName=flv2015&amp;autoPlay=true&amp;autoRewind=true" />
```

```
    <param name="swfversion" value="8,0,0,0">
    <!-- 此 param 标签提示使用 Flash Player 6.0 r65 和更高版本的用户下载最新版本的
Flash Player。如果您不想让用户看到该提示，请将其删除。 -->
    <param name="expressinstall" value="Scripts/expressInstall.swf">
    <!-- 下一个对象标签用于非 IE 浏览器。所以使用 IECC 将其从 IE 隐藏。 -->
    <!--[if !IE]>-->
    <object type="application/x-shockwave-flash" data="FLVPlayer_Progressive.swf"
width="720" height="576">
    <!--<![endif]-->
    <param name="quality" value="high">
    <param name="wmode" value="opaque">
    <param name="scale" value="noscale">
    <param name="salign" value="lt">
    <param   name="FlashVars"   value="&amp;MM_   ComponentVersion=1&amp;
skinName=Clear_Skin_1&amp;streamName=flv2015&amp;autoPlay=true&amp;autoRewi
nd=true" />
    <param name="swfversion" value="8,0,0,0">
    <param name="expressinstall" value="Scripts/expressInstall.swf">
    <!-- 浏览器将以下替代内容显示给使用 Flash Player 6.0 和更低版本的用户。 -->
    <div>
      <h4>此页面上的内容需要较新版本的 Adobe Flash Player。</h4>
      <p><a href="http://www.adobe.com/go/getflashplayer"><img src= "http:
//www.adobe. com/images/shared/download_buttons/get_flash_player. gif" alt="
获取 Adobe Flash Player" /></a></p>
    </div>
    <!--[if !IE]>-->
  </object>
  <!--<![endif]-->
</object>
```

在此使用了<object>标签，<object>标签用于包含对象，比如图像、音频、视频、Java
applets、ActiveX、PDF 以及 Flash，此标签是一个成对标签。

<object>标签常见属性如下。

（1）classid 属性

classid 属性用于指定浏览器中包含的对象的位置，它的值是对象的绝对或相对的 URL。

（2）codebase 属性

codebase 属性是一个可选的属性，提供了一个基本的 URL。该属性的值是一个 URL，
该 URL 指向的目录包含了 classid 属性所引用的对象。

（3）codetype 属性

codetype 属性用于标识程序代码类型。只有在浏览器无法根据 classid 属性决定 applet 的 MIME 类型，或者如果在下载某个对象时服务器没有传输正确的 MIME 类型的情况下，才需要使用 codetype 属性。

（4）data 属性

data 属性用于指定供对象处理的数据文件的 URL。该属性类似于<img>标签中的 src 属性，因为它下载的是要由包含对象进行处理的数据。当然，它们之间的差别在于 data 属性允许包含几乎任何文件类型，而不仅仅是图像文件。

3. 在网页中嵌入 Flash 文件

网页设计这可以使用 Flash 创作出夺人眼球的导航界面以及其他奇特精美的动态效果，当然，各种脚本程序也能达到精美的动态效果，但是程序设计需要一定的编程能力，而人们需要一种既简单直观，又功能强大的动画设计工具，Flash 的出现正好满足了这种需求。

（1）在网页上插入 Flash

我们使用<object>标记插入 Flash 文件，如图 3-66 所示。

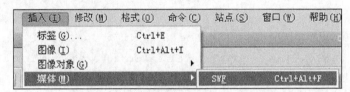

图 3-66　网页中插入 Flash 元素

代码如下：

```
<object id="FlashID" classid="clsid:D27CDB6E-AE6D-11cf-96B8-444553540000"
width="175" height="188">

    <param name="movie" value="22.swf" />

    <param name="quality" value="high" />

    <param name="wmode" value="opaque" />

    <param name="swfversion" value="6.0.65.0" />

    <!-- 此 param 标签提示使用 Flash Player 6.0 r65 和更高版本的用户下载最新版本的
Flash Player。如果您不想让用户看到该提示，请将其删除。 -->

    <param name="expressinstall" value="Scripts/expressInstall.swf" />

    <!-- 下一个对象标签用于非 IE 浏览器。所以使用 IECC 将其从 IE 隐藏。 -->

    <!--[if !IE]>-->

    <object type="application/x-shockwave-flash" data="22.swf" width="175"
height="188">

      <!--<![endif]-->

    <param name="quality" value="high" />

    <param name="wmode" value="opaque" />

    <param name="swfversion" value="6.0.65.0" />
```

```
<param name="expressinstall" value="Scripts/expressInstall.swf" />
<!-- 浏览器将以下替代内容显示给使用 Flash Player 6.0 和更低版本的用户。 -->
<div>
  <h4>此页面上的内容需要较新版本的 Adobe Flash Player。</h4>
  <p><a    href="http://www.adobe.com/go/getflashplayer"><img   src=
"http://www.adobe.com/images/shared/download_buttons/get_flash_player.gif"
alt="获取 Adobe Flash Player" width="112" height="33" /></a></p>
  </div>
  <!--[if !IE]>-->
</object>
<!--<![endif]-->
</object>
```

浏览器中显示效果如图 3-67 所示。

图 3-67 网页中插入 Flash 元素

（2）在图像上放置透明 Flash

在网页制作过程中，我们常常需要实现一种效果，就是将 Flash 效果叠加到图片之上，从而表现出更加逼真、形象的效果来。同时用好透明 Flash 背景也是网页设计人员必备的基本技能。

首先，我们准备好背景图片以及透明的 Flash 文件，在网页中让图片以背景图片形式显示，如图 3-68 所示。

图 3-68 网页中图片以背景显示

然后，在以图片为背景的区域添加 Flash 文件，调整到图片大小，注意，我们尽量选用合适尺寸的 Flash 文件，以免影响显示效果。

插入 Flash 文件后，编辑页面中效果，如图 3-69 所示，浏览器中效果如图 3-70 所示。

图 3-69　编辑页面插入 Flash 文件

图 3-70　插入 Flash 文件后默认浏览器效果

我们发现，背景图片被插入的 Flash 文件遮挡住了，在这里需要调整 Flash 文件的 Wmode 参数，由不透明改为透明，如图 3-71 所示。

图 3-71　修改 Wmode 参数

最终浏览器显示效果如图 3-72 所示。

图 3-72　图片添加透明 Flash 后效果

3.5.4　网页设计辅助工具

FastStone Capture 又名 FSCapture，它是一款抓屏工具，其体积小巧、功能强大。不但具有常规截图等功能，更有从扫描器获取图像和将图像转换为 PDF 文档等功能，其主要功能如图 3-73 所示。

图 3-73　"FSCapture" 软件界面截图

① 截图功能（可以捕捉活动窗口、窗口/对象、矩形区域、手绘区域、整个屏幕、滚动窗口、固定区域）。

② 图像的处理功能（可以裁切、标记、添加个性化边缘外框等）。

③ 屏幕录像器（输出格式为 WMV）。

附带功能包括：

① 屏幕放大器。

② 屏幕取色器。

③ 屏幕标尺。

④ 将图像转换为 PDF 文件。

⑤ 发送到 PowerPoint、Word、FTP。

网页设计过程中，我们要经常需要测量尺寸、设定颜色等。FSCapture 可以轻松实现这些简单的功能，熟练灵活地在网页设计中使用该软件，势必达到事半功倍的效果。

3.6　项目小结

本章以"构建计算机系部网站首页布局"为任务驱动，完成了首页的 DIV+CSS 布局，结构化了 HTML，提高了易用性，真正实现了网页表现和内容相分离，将设计部分剥离出来放在一个独立样式文件中，而网页主要用来放置内容，为后期维护提供了极大的便利。

3.7　项目练习

一、选择题

1. 在 Dreamweaver CS6 中使用列表的说法，错误的是（　　　）。

A. 列表是指把所有相似特征或者是有先后顺序的几行文字进行对齐排列

B. 列表分为有序列表和无序列表

C. 所谓有序列表，是指有明显的轻重或者先后顺序的项目

D. 不可以创建嵌套列表

2. 在 HTML 文档中，引用外部样式表的正确位置是（　　　）

A. 文档的末尾　　B. 文档的顶部　　C. <body>部分　　D. <head>部分

3. 哪个 HTML 标签用于定义内部样式表？（　　　）

A. <style>　　　　B. <script>　　　　C. <css>部分　　D. <head>

二、填空题

1. CSS 的全称是_____。

2. 在 HTML 中引入 CSS 的方法有三种，分别是_____、_____和_____。

3. CSS 规则主要由_____和_____两部分组成。

三、操作题

完成系部网站首页 DIV+CSS 布局。

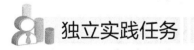 独立实践任务

【任务描述】

设计和制作三木企业网站首页。

【任务背景】

在前面的任务中，我们已经完成了三木企业站点的建立，并将网站用到的资源放置在了相应的目录中。现已由网站策划人员先期分析了网站的目的，及网站的功能定位和内容规划，并根据功能定位设计了网站效果图，我们的任务就是根据效果图制作三木企业网站首页，效果如图 3-74 所示。

图 3-74　三木企业网站首页效果图

【任务要求】

（1）分析页面的构成，明确所需要创建网页的布局结构并创建首页 index.html。

（2）建立网页样式 CSS 表用于存放网站用到的所有样式并与首页建立关联。

（3）搭建整个网页的页面布局（DIV+CSS）。

（4）制作首页页眉。

（5）制作首页导航栏。

（6）制作首页主内容区域。

（7）制作网站首页页脚。

【任务分析】

_____

_____

_____

_____

_____

_____

_____

【主要制作步骤】

_____

_____

_____

_____

_____

_____

_____

_____

_____

_____

_____

_____

_____

_____

_____

_____

_____

_____

_____

_____

_____

项目 4 制作网页特效

　　静态网页将文本、图像、音频、视频等内容显示在页面中，展示给用户浏览，却不具有任何交互功能，因此页面效果相对平淡。网页特效使网页效果丰富起来，具有动感效果，并实现客户端简单的交互功能。网页特效的实现可以通过"行为面板"，也可以直接编写 JavaScript 代码，对于初学者而言，后者具有一定的难度，但功能会更强。

　　通过学习本项目，应达到以下学习目标。

知识目标

　　（1）理解行为的概念。
　　（2）掌握简单的 JavaScript 语法知识。

技能目标

　　（1）能够利用"行为面板"添加简单的交互行为。
　　（2）能实现简单 JavaScript 特效的编写。
　　（3）能够修改现有的 JavaScript 或 jQuery 特效实例，并应用到静态页面中。

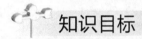 **任务描述：制作计算机系网站特效**

　　计算机系网站首页完成之后，网站已经具备基本功能，但网页内容展示比较单一，仅局限在文字、图像、音频、视频等素材。为了能够吸引浏览者的眼球，我们在现有页面的基础上进行网页特效的添加。

4.2　　任务分析

　　网站设计之前，我们通过需求分析确定网页的布局和效果图。特效的实现主要从图片特效入手，让页面效果更加丰富，特效的添加主要通过"行为面板"或编写 JavaScript 代码来实现。

4.3　　任务准备

4.3.1　行为的概念

　　行为（Behaviors），为响应某一事件（Event）而采取的某一动作（Action)的过程，可以动态响应用户的操作、改变当前页面效果或执行某一特定任务。行为由事件和动作两部分组成，事件是触发动作的前提，动作是事件触发后要实现的结果，因此可以简单描述为"行为=事件+动作"。

行为的添加可以通过 Dreamweaver CS6 的"行为面板"来实现，也可以通过编写 JavaScript 代码来完成。Dreamweaver CS6 提供了一些内置行为，可以直接应用到页面上，而不需要用户编写 JavaScript 代码。"行为面板"可以通过【窗口】/【行为】命令打开。常见浏览器都会提供一组事件，并且这些事件可以与动作相关联，如图 4-1 和图 4-2 所示。但网页特效通过"行为面板"只能添加特定的简单的行为，强大复杂的页面特效，必须要编写 JavaScript 或 jQuery 代码才能实现,jQuery 是一套跨浏览器的 JavaScript 库,简化 HTML 与 JavaScript 之间的操作，兼容各种浏览器。

图 4-1 行为面板的"事件"下拉列表

图 4-2 行为面板的"动作"菜单

表 4-1 中对行为中常用的事件进行了简要说明，请参考使用。

表 4-1 常用事件简要说明

事件	说明
onFocus	元素获得焦点
onBlur	元素失去焦点
onChange	用户改变域的内容
onClick	鼠标单击某个对象
ondblclick	鼠标双击某个对象
onkeydown	某个键盘的键被按下
onkeyup	某个键盘的键被松开
onLoad	某个页面或图像完成加载
onUnload	用户退出页面

续表

事件	说明
onMouseMove	鼠标被移动
onMouseOut	鼠标从某元素移开
onMouseOver	鼠标被移到某元素之上
onSelect	文本被选定
onSubmit	提交按钮被单击

表 4-2 中对行为中常用的动作进行了简要的说明，请参考使用。

表 4-2 常用动作简要说明

动作	说明
交换图像	通过改变 img 标记的 SRC 属性，改变图像显示内容。利用该动作可创建活动按钮或其他图像效果
弹出信息	显示带指定信息的 JavaScript 警告。用户可在文本中嵌入任何有效的 JavaScript 功能，如调用、属性、全局变量或表达式（需要用 "{}" 括起来）例如，"今天是{new Date()}"
恢复交换图像	恢复交换图像为原图
打开浏览器窗口	在新窗口中打开 URL，并可设置新窗口的尺寸、位置等属性
拖动 AP 元素	利用该动作可允许用户拖动层
改变属性	改变对象属性
显示-隐藏元素	显示、隐藏一个或多个层窗口，或者恢复其默认属性
检查插件	利用该动作可根据访问者安装的插件，发送给其不同的网页
检查表单	检查文本框内容，以确保用户输入的数据格式正确无误
设置文本	包括 4 项功能： • 设置层文本：动态设置框架文本，以制定内容替换框架内容及格式 • 设置文本域文字：利用指定内容取代表单文本框中的内容 • 设置框架文本：利用指定内容取代现存层中的内容及格式 • 设置状态栏文本：在浏览器左下角的状态栏中显示信息
调用 JavaScript	执行 JavaScript 代码
跳转菜单	当用户创建了一个跳转菜单时，Dreamweaver 将创建一个菜单对象，并为其附加行为。在行为面板中双击 "跳转菜单" 动作可编辑跳转菜单
跳转菜单开始	当用户创建了一个跳转菜单时，在其后面加一个行为动作 Go 按钮
转到 URL	在当前窗口或指定框架打开一个新页面
预先载入图像	当该图片在页面进入浏览器缓冲区之后不立即显示。它主要用于时间轴、行为等，防止因下载引起的延迟

4.3.2　通过"行为面板"使用行为

通过"行为面板"可以简单快捷地实现页面行为的添加、更改和删除操作。

"行为面板"可以协助开发者快速地将一些常见行为添加到页面元素，更准确地说是添加到所选定页面元素的 HTML 标签上。选定元素可以同时添加多个事件，来响应不同的动作，动作执行的顺序取决于事件添加的先后顺序；同一事件也可以响应多个动作，动作执行的顺序取决于动作添加的先后顺序。

1. 添加行为

在 Dreamreaver CS6 的设计视图下，选择要添加行为的网页元素，例如图片、表单元素或是 DIV 区块等，选择【窗口】/【行为】命令，打开"行为面板"，单击 **+** 弹出动作菜单，如图 4-2 所示，选择一个（或多个）想要添加的动作，效果如图 4-3 所示，如果左侧显示的事件不是所需的触发事件，再通过事件下拉列表选择合适的事件，即可完成行为的添加。

图 4-3　通过行为面板添加行为

2. 更改或删除行为

网页元素添加行为后，如果需要更改行为，可以根据需要修改其事件或动作。选择要进行修改行为的网页元素，选择【窗口】/【行为】命令，打开"行为面板"，进行如下操作。

- 如果要修改行为所对应的动作参数，双击动作，修改其具体参数，可完成动作的修改。
- 如果要修改行为所对应的事件类型，选择事件下拉列表，重新选择事件，即可完成事件的修改。
- 如果要调整某个事件触发后动作执行的先后顺序，可以选择该动作，通过单击 ▲ 或 ▼ 进行调整。
- 如果要删除某个特定行为，可以选择该行为后，单击 **-** 或者直接按键盘上的 Delete 键即可。

3. 应用内置行为

Dreamweaver CS6 为我们提供了多种常用的内置行为，只需要通过"行为面板"执行简单的操作即可完成内置行为的添加。

（1）"交换图像"行为

"交换图像"行为通过更改所选图片<img>标签的 src 属性，将当前图像换成另外一个图像，通过用户的一些事件来完成"更改图像"的动作。

案例 4-1：将图片"but1.jpg"实现"交换图像"行为，换成图片"but2.jpg"。

操作步骤：

● 新建网页文档，命名为"交换图像.html"。

选择【插入】/【图像】命令，打开"选择图像源文件"对话框，如图 4-4 所示，选择"but1.jpg"，将"but1.jpg"插入页面中。

图 4-4 "选择图像源文件"对话框

● 选择插入的图片"but1.jpg"，选择【窗口】/【行为】命令，打开"行为面板"，单击，在弹出的动作菜单中选择"交换图像"子菜单，弹出"交换图像"对话框，如图 4-5 所示。

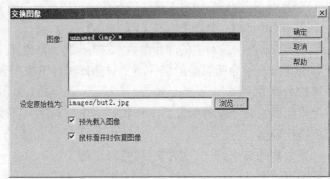

图 4-5 "交换图像"对话框

● 单击"浏览"按钮,选择"but2.jpg",单击"确定"按钮。则"交换图像"行为添加完成,如图 4-6 所示。

图 4-6 添加"交换图像"的行为面板

● 根据需要,从"行为面板"中选择左侧的事件,弹出事件下拉列表,重新设置"交换图像"的事件类型为"onMouseOver"事件,如图 4-7 所示。

图 4-7 "交换图像"的事件下拉列表

● 查看页面在浏览器中的显示效果,鼠标到达图片上时实现了"交换图像"特效,如图 4-8 所示。

图 4-8 "交换图像"行为页面效果

（2）"弹出信息"行为

"弹出信息"行为显示为一个 JavaScript 的消息提示框，消息内容可以根据需要设定。

案例 4-2：页面加载完成后显示"欢迎使用'弹出信息'内置行为!"。

操作步骤：

● 新建网页文档，命名为"弹出信息.html"。

● 选择【窗口】/【行为】命令，单击 ，在弹出的动作菜单中选择"弹出信息"子菜单，弹出"弹出信息"对话框，将提示信息写入"弹出信息"框内，如图 4-9 所示，单击"确定"按钮即可。

● 查看页面在浏览器中的显示效果，当页面加载完成后弹出消息框，如图 4-10 所示。

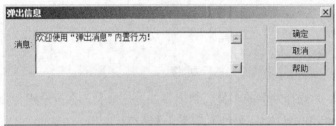

图 4-9 "弹出消息"行为对话框

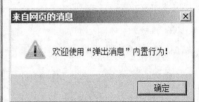

图 4-10 "弹出消息"行为页面效果

（3）"打开浏览器窗口"行为

"打开浏览器窗口"行为可在一个新的窗口中打开页面。可以指定新窗口的属性（包括其大小）、特性（它是否可以调整大小、是否具有菜单栏等）和名称。

案例 4-3：用户单击缩略图时，在新窗口中打开一个内容相同的大图像。

操作步骤：

● 新建网页文档，命名为"打开浏览器窗口.html"。

● 将"small.jpg"文件插入到网页中。

● 选择【窗口】/【行为】命令，单击 ，在弹出的菜单中选择"打开浏览器窗口"子菜单，弹出"打开浏览器窗口"对话框，按用户需求设置新窗口的属性，如图 4-11 所示，单击"确定"按钮即可。

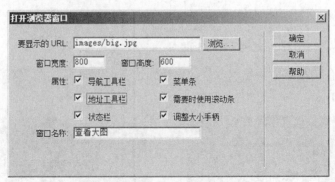

图 4-11 "弹出消息"行为对话框

● 查看页面在浏览器中的显示效果，当用户单击小图时，弹出新窗口显示大图，如图 4-12 所示。

图 4-12 "打开浏览器窗口"行为页面效果

（4）"改变属性"行为

"改变属性"行为可以设置对象的属性，如对象的大小、背景色、线型等。

案例 4-4：当鼠标移到图片上时，为图片添加边框效果。

操作步骤：

● 新建网页文档，命名为"改变属性.html"。

● 将图片"but2.jpg"添加到页面中，然后选择该图片，在属性面板中为图片设置 ID 属性为"pic"，如图 4-13 所示。

图 4-13 图像属性面板

● 选择【窗口】/【行为】命令，打开"行为面板"。单击 ，在弹出的动作菜单中选择"改变属性"命令，弹出"改变属性"对话框，设置各选项，如图 4-14 所示，单击"确定"按钮即可。

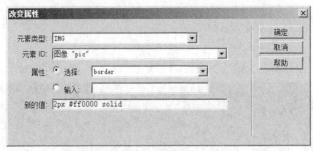

图 4-14 "改变属性"对话框

● 将"行为面板"的事件类型修改为"onMouseOver"事件，如图 4-15 所示。

图 4-15 "行为面板"修改事件类型

● 查看页面在浏览器中的显示效果，当页面加载完成后，将鼠标移到图片上查看效果，如图 4-16 所示。

图 4-16 "改变属性"行为页面效果

（5）"显示—隐藏元素"行为

"显示—隐藏元素"行为可以将指定的网页元素进行显示、隐藏或恢复操作，实现用户与页面的交互操作。

案例 4-5：当鼠标移到某区块上时，隐藏该区块。

操作步骤：

● 新建网页文档，命名为"显示—隐藏元素.html"。

● 在页面中新建区块，命名为 div1，添加样式修饰区块。该区块的样式代码如下：

```
<style>
#div1{
    width:200px;
    height:200px;
    background:red;
    }
</style>
```

● 选择该区块 div1，选择【窗口】/【行为】命令，打开"行为面板"，单击 ，在弹出的动作菜单中选择"显示—隐藏元素"子菜单，弹出"显示—隐藏元素"对话框，单击"隐藏"按钮，并单击"确定"按钮，如图 4-17 所示。

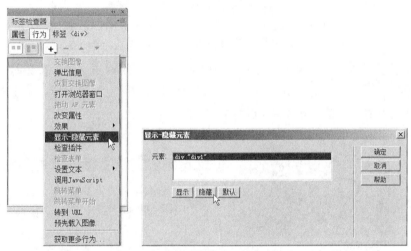

图 4-17 "显示—隐藏元素"对话框

● 查看页面在浏览器中的显示效果，当页面加载完成后，用鼠标点击图片，div1 实现了隐藏。

（6）"调用 JavaScript"行为

"调用 JavaScript"行为可以在事件响应后，执行指定的 JavaScript 代码，实现特定功能。实现用户与页面的交互操作。

案例 4-6：当用户单击按钮时，关闭当前网页文档。

操作步骤：

● 新建网页文档，命名为"调用 JavaScript.html"。

● 在页面中插入"but1.jpg"文件，并在其后面加入一个按钮，代码如下：

```
<img src="images/but1.jpg" /><br />
<input type="button" name="button" id="button" value="关闭网页文档" />
```

● 选择按钮，再选择【窗口】/【行为】命令，打开"行为面板"，单击 ，在弹出的动作菜单中选择"调用 JavaScript"子菜单，弹出"调用 JavaScript"对话框，在"调用 JavaScript"文本框中输入"window.close();"，并单击"确定"按钮，如图 4-18 所示。

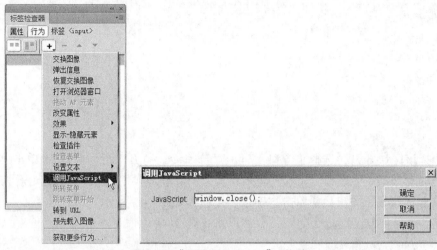

图 4-18 "调用 JavaScript"对话框

● 查看页面在浏览器中的显示效果，当鼠标单击"关闭网页文档"按钮时，弹出"您查看的网页正在试图关闭选项卡，是否关闭子选项卡？"提示框，单击"是"按钮即可关闭当前文档，如图 4-19 所示。

图 4-19 "调用 JavaScript"行为页面效果

4.3.3 通过 JavaScript 使用行为

1. JavaScript 简介

JavaScript 也称 ECMAScript，它由 Netscape 公司开发，是一种基于对象和事件驱动的脚本语言，具有相对安全性的同时也是一种广泛用于客户端 Web 开发的脚本语言。

JavaScript 是一种解释性的、基于对象的脚本语言。它的解释器被称为 JavaScript 引擎，为浏览器的一部分，广泛用于客户端的脚本语言，最早是在 HTML 网页上使用，用来给 HTML 网页增加动态功能。

JavaScript 与 HTML、CSS 结合起来，能够提高与用户之间的交互性能。JavaScript 代码是解释型的，客户端的 JavaScript 必须要有解释器的支持。不需要编译，而是作为 HTML 文件的一部分由解释器解释执行。目前，几乎所有的浏览器都内置了 JavaScript 的解释器。

一个完整的 JavaScript 由三部分组成，分别是 ECMAScript，描述了该语言的语法和基本对象；文档对象模型（Document Object Model，简称 DOM），描述处理网页内容的方法和接口；浏览器对象模型（Browser Object Model，简称 BOM），描述与浏览器进行交互的方法和接口。

2. JavaScript 功能

JavaScript 的功能非常强大，在网页制作过程中经常借助 JavaScript 提升网页效果，其主要功能描述如下。

- 嵌入动态文本于 HTML 页面。
- 对浏览器事件作出响应。
- 读写 HTML 元素。
- 在数据被提交到服务器之前验证数据。
- 检测访客的浏览器信息。
- 控制 cookies，包括创建和修改等。

3. JavaScript 使用方法

（1）直接嵌入到 HTML 页面中

在 HTML 页面中使用<script>和</script>标记嵌入脚本代码，其语法格式如下：

```
<script language="javascript"Type="text/javascript">
......
</script>
```

JavaScript 代码在 HTML 页面中出现的位置如下。

- HTML 页面主体部分<body>和</body>之间。
- HTML 页面头部<head>和</head>之间。

（2）通过单独的外部文件关联到 HTML 页面中

选择【文件】/【新建】命令，弹出"新建文档"对话框，选择"空白页"选项，在"页面类型"中选择"JavaScript"选项，单击"创建"按钮，则新建一个独立的 JavaScript 文件，如图 4-20 所示。选择【文件】/【保存】命令，将其保存在站点根目录下。

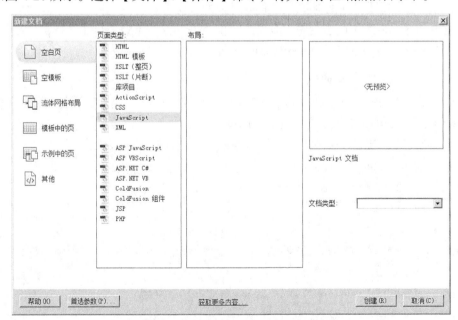

图 4-20　新建 JavaScript 文件对话框

JavaScript 文件建立完成后，在要调用 JavaScript 特效的网页文件中加入如下代码，实现页面结构和行为的关联。

```
<script language="JavaScript" type="text/javascript" src="外部脚本文件">
......
</script>
```

4. JavaScript 代码格式

- 每条语句以分号(;)结束，但也可以省略。如果没有分号，则把换行符看成是语句的结尾。
- "//"为单行注释符，/*...*/为多行注释符。
- 代码块放置在大括号{ }之间。
- 大小写敏感。

5. 变量的声明

JavaScript 采用弱类型的变量形式。即声明一个变量时不必确定类型，而是在使用或赋值时自动确定其数据类型。JavaScript 用关键字 var 声明变量，例 var oBtn，也可以不事先声明变量而直接使用。

6. JavaScript 基本数据类型

- Number 类型：整数和实型。
- 浮点数：带小数点的数字，可用科学记数法表示 var fNum = 3.1e7。
- Boolean 型：true 和 false 两个值，0 表示 false，非 0 表示 true。
- String 型：用单引号(')或双引号(")引起来的若干个字符。
- 转义字符：\r 回车符、\n 换行符、\t 制表符、\'单引号、\"双引号、\\表示一个斜杠。
- null：表示还不存在的对象，可看成对象的占位符。
- undefined：表示声明了变量，但尚未赋值。如 var oTemp; alert(oTemp); 它是从 null 派生来的。alert(null == undefined); //true

7. JavaScript 自定义函数

可以在 HTML 的<script>和</script>之间通过自定义函数完成特定功能，而定义的函数不会自动执行，必须通过事件或其他函数调用。

案例 4-7：通过响应按钮单击事件显示问候语"欢迎学习 JavaScript!"。

```
<!DOCTYPE html PUBLIC "-//W3C//DTD XHTML 1.0 Transitional//EN" "http://www.w3.
org/TR/xhtml1/DTD/xhtml1-transitional.dtd">
<html xmlns="http://www.w3.org/1999/xhtml">
<head>
<meta http-equiv="Content-Type" content="text/html; charset=utf-8" />
<title>自定义函数</title>
<script language="JavaScript" type="text/javascript">
function showMessage(){
```

```
    alert("欢迎学习 JavaScript! ");    /*alert()为内置方法，作用是在屏幕上输出一个字符串*/
    }
</script>
</head>


<body>
<input type="button" value="单击" onclick="showMessage();" />
</body>
</html>
```

查看页面在浏览器中的显示效果。只有当用户在按钮上单击鼠标时才会看到输出信息，效果如图 4-21 所示。

图 4-21　应用自定义函数的页面效果

8．JavaScript 流程控制语句

（1）条件控制语句

① if 条件控制语句。

if 语句是 JavaScript 的主要条件语句，一般形式为

```
if(表达式){
 语句块;
}
```

该 if 语句的作用是：当 if 条件内的表达式为真值时，执行大括号内的语句块；否则执行语句块后面的语句。如果语句块只有一句话，此处的大括号可以省略。

if 语句条件为假时，可以通过 else 关键字实现另一个分支，形式为

```
if(表达式){
 语句块1;
}
else{
 语句块2;
}
```

案例 4-8：当成绩大于等于 60 时为及格，否则为不及格。具体实现的代码如下：

```
<script language="JavaScript" type="text/javascript">
var score=window.prompt('请输入您的成绩','0');
/* prompt()方法的作用是弹出消息对话框（对话框中包含一个 OK 按钮、Cancel 按钮与一个文本输入框）*/
```

```
if(isNaN(score))   /*使用 isNaN()判断用户输入是否数值型数据*/
{
 alert("您输入的不是数值，请重新输入！");
 }
if(score>=60)
{
 window.alert("恭喜您及格了！");
 }
else
{
 window.alert("很遗憾您没有及格！");
 }
</script>
```

查看页面在浏览器中的显示效果，效果如图 4-22 所示。

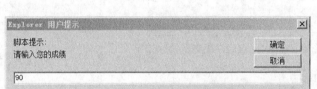

图 4-22　判断成绩是否及格页面效果

一个 if 语句只能进行一个条件的判断，并包括两个分支，实际应用过程中可能条件不止一个，这种情况下就要用到 if 语句的嵌套使用。

案例 4-9：成绩在 90 分以上为优秀，80～89 分为良好，70～89 分为中等，60～69 分为及格，60 分以下为不及格。具体实现的代码如下：

```
<script language="JavaScript" type="text/javascript">
var score=window.prompt('请输入您的成绩','0');
if(isNaN(score))
{
 alert("您输入的不是数值，请重新输入！");
 }
if(score>=90)
{
 window.alert("优秀");
 }
else if(score>=80)
{
 window.alert("良好");
 }
```

```
else if(score>=70)
{
 window.alert("中等");
 }
else if(score>=60)
{
 window.alert("及格");
 }
 else window.alert("不及格");
</script>
```

查看页面在浏览器中的显示效果，效果如图 4-23 所示。

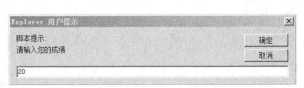

图 4-23 if 语句判断成绩等级页面效果

② switch 条件控制语句。

当多条件判断时，可以使用 if 语句实现多层嵌套，但是这种方法实现起来比较烦琐，且程序的可读性差。此时我们可以优先选择 switch 语句实现类似功能，一般形式如下：

```
switch(表达式){
case 值 1:
     语句块 1;
     Break;
case 值 2:
     语句块 2;
     Break;
......
case 值 n:
     语句块 n;
     Break;
default:
     语句块 n+1;
}
```

因此，用 switch 语句代替 if 语句实现案例 4-9 查看成绩等级的代码如下：

```
<script language="JavaScript" type="text/javascript">
var score=window.prompt('请输入您的成绩','0');
if(isNaN(score))
{
```

```
    alert("您输入的不是数值，请重新输入！");
  }
else{
  score=Math.floor(parseFloat(score/10));

  switch(score){
    case 0:
    case 1:
    case 2:
    case 3:
    case 4:
    case 5:      alert("不及格");break;
    case 6:      alert("及格");break;
    case 7:      alert("中等");break;
    case 8:      alert("良好");break;
    case 9:
    case 10:     alert("优秀");break;
    default:     alert("您输入的成绩无效，请重新输入！");break;    }
}
</script>
```

查看页面在浏览器中的显示效果，效果如图 4-24 所示。

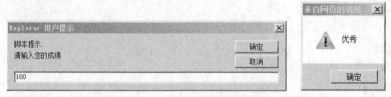

图 4-24　switch 语句判断成绩等级页面效果

（2）循环语句

① while 循环语句。

当需要重复执行某些语句时，可以使用 while 循环语句。while 语句的作用是实现循环，一般形式为

```
while(条件表达式){
  循环体
}
```

while 循环语句中，只要条件为真值，程序就会一直循环下去。语句包括 4 个组成部分，分别是循环变量、条件表达式、循环体和改变循环变量值的语句。

案例 4-10：求解 1 ~ 100 的所有奇数之和。具体实现的代码如下：

```
<script language="JavaScript" type="text/javascript">
var i=1;    var sum=0;
while(i<=100){
    sum=sum+i;
    i=i+2;
}
alert("1 到 100 之间的所有奇数之和为: "+sum);
</script>
```

查看页面在浏览器中的显示效果，效果如图 4-25 所示。

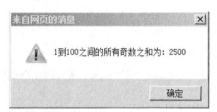

图 4-25　while 语句页面效果

② do...while 循环语句。

这是循环语句的另外一种形式，它与 while 循环不同之处在于，while 循环先判断再执行，do...while 是先执行再判断。因此对于 do...while 来说，无论条件是否成立，循环体至少执行一次，一般形式为

```
do{
 循环体
}
while(条件表达式)
```

案例 4-11：使用 do...while 语句求解 1 ~ 100 之和，具体实现的代码如下：

```
<script language="JavaScript" type="text/javascript">
var sum=0;
var i=1;
do{
    sum+=i;
    i++;
}while(i<=100);
alert("1 到 100 之和为: "+sum);
</script>
```

查看页面在浏览器中的显示效果，效果如图 4-26 所示。

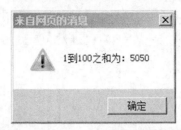

图 4-26　do...while 语句页面效果

③ for 循环语句。

for 循环是经常用到的一种循环形式，一般形式为

```
for(语句 1; 语句 2; 语句 3)
  {
  循环体
  }
```

语句 1 在循环体开始前执行，语句 2 定义运行循环体的条件，语句 3 在循环体已被执行之后执行。

案例 4-12：使用 for 循环语句输出 0 ~ 5，要求每个数字占一行。具体实现的代码如下：

```
<script language="javascript" type="text/javascript">
for (i = 0; i <= 5; i++)
{
    document.write("数字是 " + i) ;
    document.write("<br>") ;
}
</script>
```

查看页面在浏览器中的显示效果，效果如图 4-27 所示。

数字是 0
数字是 1
数字是 2
数字是 3
数字是 4
数字是 5

图 4-27　for 语句页面效果

④ for...in 循环语句。

for...in 循环经常用来遍历对象的每个属性或数组中的元素，一般形式为

```
for (变量 in 对象)
{
    在此执行代码
}
```

案例 4-13：使用 for...in 循环语句输出数组中的值。具体实现的代码如下：

```
<script language="javascript" type="text/javascript">
document.write("test<br>");
```

```
var oA=[3,4,5,7];
for(var test in oA){
    document.write(test+": "+oA[test]+"<br>");
}
</script>
```

查看页面在浏览器中的显示效果，效果如图 4-28 所示。

```
test
0: 3
1: 4
2: 5
3: 7
```

图 4-28　for...in 语句页面效果

9．JavaScript 的简单应用

案例 4-14：为按钮添加交互行为，要求单击按钮时弹出字符信息"欢迎访问我们的网站！"。

由于本案例比较简单，我们在一个网页文件中完成网页结构和行为的添加。并且实现页面的结构和行为分开，因此需要在<body>和</body>之间加入 HTML 代码如下：

```
<input type="button" value="单击" id="btn1"/>
```

在<head>和</head>之间加入 JavaScript 代码，如下：

```
<script type="text/javascript">
window.onload=function(){                        /*窗口加载完成后执行*/
var oBtn=document.getElementById('btn1');  /*从文档中获取 id 为 btn1 的按钮对象*/
oBtn.onclick=function(){                          /*按钮响应单击事件时弹出字符串*/
    alert("欢迎访问我们的网站！");                }


}
</script>
```

查看页面在浏览器中的显示效果，效果如图 4-29 所示。

图 4-29　按钮交互页面效果

案例 4-15：在页面上显示当前日期和时间。

由于本案例比较简单，我们在一个网页文件中完成网页结构、表现和行为的添加。首先在<body>和</body>之间加入如下代码：

```
<div id="divDisplay">
</div>
```

其次在<head>和</head>之间加入如下代码：

```
<style type="text/css">
#divDisplay{
 font-size:16px;
 color:#960;
 }
</style>
```

最后在<head>和</head>之间加入如下代码：

```
<script type="text/javascript">
window.onload=function(){
 var sysDate=new Date();/*实例化一个时间日期对象*/
 myDate=sysDate.toLocaleDateString();/*将当前日期存入myDate变量*/
 myTime=sysDate.toLocaleTimeString();/*将当前时间存入myTime变量*/
 var oDiv=document.getElementById('divDisplay');/*获取页面上的id为divDisplay区块*/
 oDiv.innerHTML="现在是"+myDate+myTime;/*通过innerHTML方法将变量内容显示在oDiv区块*/
 }
</script>
```

查看页面在浏览器中的显示效果，如图4-30所示。

现在是2015年11月6日10:08:12

图4-30　显示当前日期和时间

注意：本案例最终显示的日期和时间不能自动更新，如果需要自动更新，请大家从本章拓展内容中就定时器的知识做一初步了解，或在相关的后续课中继续拓展定时器知识的深度和广度。

案例4-16：制作简易计算器。

在页面任意位置加入如下代码：

```
<script language="javascript" type="text/javaScript">
        var num1 = 10;
        var num2 = 20;
        var op = prompt("请输入运算符：+或-","+");//弹出一个可输入的对话框
        document.write('两个运算数分别为：<br />');
        document.write('num1 = ' + num1 + '<br />');
        document.write('num2 = ' + num2 + '<br />');
        document.write('运算结果为：');
        if (op == '+') {
            document.write('num1 + num2 = ' + (num1 + num2));
        } else {
            document.write('num1 - num2 = ' + (num1 - num2));
        }
```

```
    </script>
```

查看页面在浏览器中的显示效果，效果如图 4-31 所示。

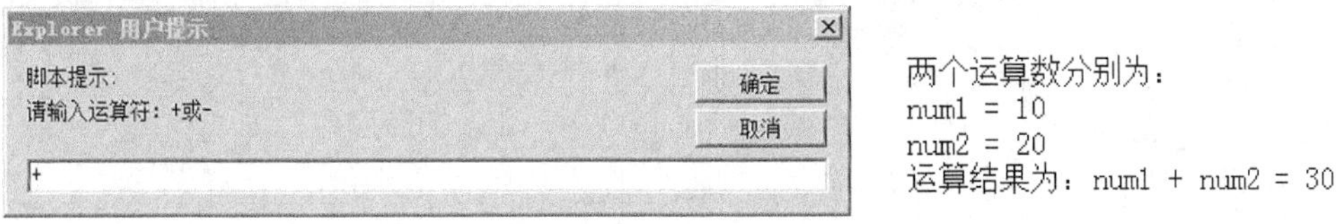
Explorer 用户提示
脚本提示:
请输入运算符：+或-
确定
取消
+
两个运算数分别为：
num1 = 10
num2 = 20
运算结果为：num1 + num2 = 30

图 4-31　简易计算器页面效果

案例 4-17：实现表格的动态变色效果。

表格的动态变色效果在用户浏览表格数据时经常使用，当鼠标移动到表格上的任意一行时，当前行的背景色会发生变化，与其他行的背景色相比有着明显的不同，实现的代码如下：

```
<!DOCTYPE html PUBLIC "-//W3C//DTD XHTML 1.0 Transitional//EN"
"http://www.w3.org/TR/xhtml1/DTD/xhtml1-transitional.dtd">
<html xmlns="http://www.w3.org/1999/xhtml">
<head>
<meta http-equiv="Content-Type" content="text/html; charset=utf-8" />
<title>表格的动态变色</title>
<style>
<!--
.datalist{
 border:1px solid #0058a3;     /* 表格边框*/
 font-family:Arial;
 border-collapse:collapse;     /* 边框重叠*/
 background-color:#eaf5ff;     /* 表格背景色*/
 font-size:14px;
}
.datalist caption{
 padding-bottom:5px;
 font:bold 1.4em;
 text-align:center;
 font-size:16px;
}
.datalist th{
 border:1px solid #0058a3;     /* 行名称边框*/
 background-color:#4bacff;     /* 行名称背景色*/
 color:#FFFFFF;                /* 行名称颜色*/
 font-weight:bold;
 padding-top:4px; padding-bottom:4px;
```

```
 padding-left:12px; padding-right:12px;
}
.datalist td{
 border:1px solid #0058a3;     /* 单元格边框*/
 text-align:left;
 padding-top:4px; padding-bottom:4px;
 padding-left:10px; padding-right:10px;
 text-align:center;


}
.datalist tr:hover, .datalist tr.altrow{
 background-color:#c4e4ff;     /* 动态变色*/
}
-->
</style>
</head>

<body>
<table class="datalist" summary="test">
 <caption>表格标题</caption>
 <tr>
     <th scope="col">测试字段 1</th>
     <th scope="col">测试字段 2</th>
     <th scope="col">测试字段 3</th>
     <th scope="col">测试字段 4</th>
     <th scope="col">测试字段 5</th>
 </tr>
 <tr>
     <td>a1</td>
     <td>a2</td>
     <td>a3</td>
     <td>a4</td>
     <td>a5</td>
 </tr>
 <tr>
     <td>b1</td>
     <td>b2</td>
     <td>b3</td>
     <td>b4</td>
```

```
            <td>b5</td>
        </tr>
        <tr>
            <td>c1</td>
            <td>c2</td>
            <td>c3</td>
            <td>c4</td>
            <td>c5</td>
        </tr>
        <tr>
            <td>d1</td>
            <td>d2</td>
            <td>d3</td>
            <td>d4</td>
            <td>d5</td>
        </tr>
        <tr>
            <td>e1</td>
            <td>e2</td>
            <td>e3</td>
            <td>e4</td>
            <td>e5</td>
        </tr>
        <tr>
            <td>f1</td>
            <td>f2</td>
            <td>f3</td>
            <td>f4</td>
            <td>f5</td>
        </tr>
        <tr>
            <td>g1</td>
            <td>g2</td>
            <td>g3</td>
            <td>g4</td>
            <td>g5</td>
        </tr>
    </tr>
</table>
<script language="javascript">
```

```
var rows = document.getElementsByTagName('tr');
for (var i=0;i<rows.length;i++){
 rows[i].onmouseover = function(){            //鼠标在行上面的时候
    this.className += 'altrow';
 }
 rows[i].onmouseout = function(){        //鼠标离开时
    this.className = this.className.replace('altrow','');
 }
}
</script>
</body>
</html>
```

查看页面在浏览器中的显示效果，效果如图 4-32 所示。

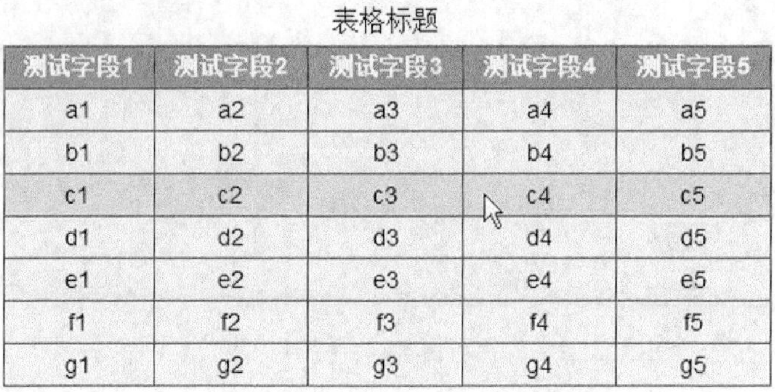

表格标题

测试字段1	测试字段2	测试字段3	测试字段4	测试字段5
a1	a2	a3	a4	a5
b1	b2	b3	b4	b5
c1	c2	c3	c4	c5
d1	d2	d3	d4	d5
e1	e2	e3	e4	e5
f1	f2	f3	f4	f5
g1	g2	g3	g4	g5

图 4-32　表格的动态变色页面效果

4.4　任务实施

4.4.1　添加简单的首页动态特效

【任务背景】

某学院计算机技术系网站布局已基本完成，为了使页面的效果动感十足，提升页面的交互性，本任务实现在网站首页添加一些简单的动态效果。

【任务要求】

动态效果添加后，页面效果更加丰富，便于浏览者的欣赏，使网站更加赏心悦目。

【任务分析】

首页布局基本完成后，考虑在首页添加"弹出信息"特效、"图片交换"特效，以此来提升网页的动态效果，特效将通过"行为面板"和编写 JavaScript 代码两种方法来实现。

【任务详解】

（1）"弹出信息"特效

方法一：通过"行为面板"实现网页特效的添加。

打开 index.html 文件，选择在"设计视图"下实施任务。选择【窗口】/【行为】命令，在弹出的"标签检查器"中，如图 4-33 所示，选择"行为"选项卡，单击"+"添加行为，在弹出的动作菜单中，选择"弹出信息"子菜单项，如图 4-34 所示，在"弹出信息"对话框中，输入"欢迎访问计算机系网站！"，单击"确定"按钮。查看页面在浏览器中的显示效果，如图 4-35 所示。

图 4-33　标签检查器

图 4-34　行为弹出菜单

图 4-35　"弹出消息"页面效果

方法二：通过编写 JavaScript 代码实现网页特效的添加。

选择【文件】/【新建】命令，弹出"新建文档"对话框，选择"空白页"选项，并选择其子选项中的"JavaScript"，单击"创建"按钮，单击【文件】/【保存】命令，将当前的 JavaScript 文件保存在站点目录下的 JS 文件夹里，命名为 effect.js。

打开 effect.js 文件，加入如下代码：

```
window.onload=function(){          /*当页面加载时执行*/
 alert('欢迎访问计算机系网站！');   /*通过 alert 方法输出字符串*/
 }
```

（2）"图片交换"特效

方法一：通过"行为面板"实现。

打开 index.html 文件，选择在"设计视图"下实施任务。选择网站首页中要进行图片交换的图片"gyjsxy_r32_c7.jpg"，如图 4-36 所示，选择【窗口】/【面板】命令，弹出"行为面板"，单击"+"添加行为，在弹出的动作菜单中，选择"交换图片"子菜单项，通过单击"浏览"按钮，打开"选择图像源文件"对话框，选择替换的目标图片为预先准备好的"gyjsxy_r32_c7_replace.jpg"图片，如图 4-37 所示，单击"确定"按钮，保存并查看页面在浏览器中的效果，当鼠标悬停在图片"gyjsxy_r32_c7.jpg"上时，图片替换为"gyjsxy_r32_c7_replace.jpg"，当鼠标离开时则恢复为原来的图片"gyjsxy_r32_c7.jpg"，实现"交换图片"特效后效果如图 4-38 所示。

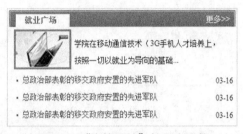

图 4-36 "交换图片"效果实现前

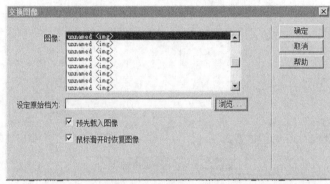

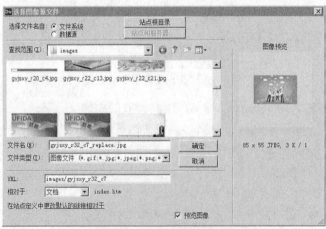

图 4-37 "交换图片"对话框

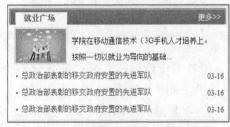

图 4-38 "交换图片"效果实现后

方法二：通过编写 JavaScript 代码实现。

打开 effect.js 文件，加入如下代码：

```
window.onload=function(){
  var oImg=document.getElementById('Image1');   /*获取页面中的id为image1的网页元素*/
  oImg.onmouseover=function(){          /*当网页元素oImg响应鼠标移到元素上事件时执行无名
函数*/
      oImg.src="images/gyjsxy_r32_c7_replace.jpg";
                                      /*将网页元素oImg所显示的src属性进行更改*/
  }
  oImg.onmouseout=function(){          /*当网页元素oImg响应鼠标离开元素上事件时执行无名函数*/
      oImg.src="images/gyjsxy_r32_c7.jpg";
  }
}
```

4.4.2　添加复杂的首页动态特效

【任务背景】

首页添加一些简单的JavaScript特效后，由于刚接触JavaScript知识，后续大量JavaScript或jQuery的知识还没有涉及，对于初学者来说去编写复杂的JavaScript或jQuery特效显然力不从心，但是页面效果又需要通过JavaScript或jQuery特效来实现，因此考虑通过修改一些现有的JavaScript或jQuery特效实例来提升网页设计的效果。

【任务要求】

将符合网站需求的JavaScript或jQuery网页特效实例进行修改，应用到页面中提升网页的动态效果。特效代码最好是网页的结构、表现和行为分开，这不仅符合网页设计的需求，也便于在应用中修改特效。

【任务分析】

网络上下载的JavaScript或jQuery特效可以极大地提升网站的动态效果，并提高网站的交互性。在应用下载的JavaScript或jQuery特效的时，大致从以下3个方面进行修改。

- 修改特效中网页表现和行为的路径。
- 修改特效中应用的图片，将特效中的图片路径换成事先准备好的图片。
- 修改特效中的样式，以满足网站的设计需要，保持与要应用的网页的设计风格相一致。

通过对首页的分析，我们将利用"左右滚动图片切换"特效和"无缝滚动图片"特效来提升页面的动态效果。

【任务详解】

（1）"左右滚动图片切换"特效

某学院计算机系网站首页banner处考虑采用"左右滚动图片切换"的特效，来提升网页banner处的动态效果，如图4-39所示。本任务使用的jQuery特效，大家可以从本章提供的素材"左右滚动图片切换特效"中找到，或搜集其他更符合页面需求的jQuery特效。

图 4-39 "左右滚动焦点图"特效

步骤一：首先打开本章素材"左右滚动图片切换特效"，或者从"站长之家""模板王""懒人图库"等网站搜集其他符合页面需求的 JavaScript 或 jQuery 特效。特效下载完成后，将其复制并粘贴到站点根目录下，重命名为 zygdtptx，其站点目录下的文件列表如图 4-40 所示。

图 4-40 某学院"计算机技术系"网站目录结构

步骤二：打开 zygdtptx 文件夹内的 index.html 文件，将<body>和</body>内的代码进行复制，代码内容如下所示：

```
<div class="container">
 <div id="featured">
  <div class="content" style="">
   <h1>Orbit does content now.</h1>
   <h3>Highlight me...I'm text.</h3>
  </div>
   <a  href=""><img  src="images/overflow.jpg"  /></a>  <img  src="images/captions.jpg"
data-caption="#htmlCaption" /> <img src="images/features.jpg" /> </div>
   <span class="orbit-caption" id="htmlCaption"><strong>I'm A Badass Caption:</strong> I
can haz <a href="#">links</a>, <em>style</em> or anything that is valid markup :)</span> </div>
```

将上述代码粘贴到计算机系网站首页 index.html 文件的<body>和</body>内的<div id="flash">和</div>之间，把代码中的图片直接替换为素材中的图片 gyjsxy_ r17_ c42. jpg"，并对和之间的代码进行注释，不显示图片的标题文本信息，修改后代码如下所示：

```
<div class="container">
 <div id="featured">
  <div class="content" style="">
   <h1>Orbit does content now.</h1>
```

```
        <h3>Highlight me...I'm text.</h3>
    </div>
    <a href=""><img src="images/gyjsxy_r17_c42.jpg" /></a>
    <img src="images/gyjsxy_r17_c42.jpg" data-caption="#htmlCaption" />
    <img src="images/gyjsxy_r17_c42.jpg" /> </div>
  <!-- <span  class="orbit-caption"  id="htmlCaption"><strong>I'm  A  Badass
Caption:</strong> I can haz <a href="#">links</a>, <em>style</em> or anything that
is valid markup :)</span>--> </div>
```

步骤三：打开 zygdtptx 文件夹内的 index.html 文件，将<head>和</head>内的除<meta>之外的内容进行复制，代码内容如下所示：

```
<link rel="stylesheet" href="css/orbit-1.2.3.css">
<link rel="stylesheet" href="css/lanrenzhijia.css">
<script type="text/javascript" src="js/jquery-1.5.1.min.js"></script>
<script type="text/javascript" src="js/jquery.orbit-1.2.3.min.js"></script>
<!--[if IE]>
<style type="text/css">
.timer { display: none !important; }
div.caption { background:transparent;
filter:progid:DXImageTransform.Microsoft.gradient(startColorstr=#99000000,en
dColorstr=#99000000);zoom: 1; }
</style>
<![endif]-->
<!-- Run the plugin -->
<script type="text/javascript">
        $(window).load(function() {
            $('#featured').orbit();
        });
    </script>
```

将上述代码粘贴到计算机系网站首页 index.html 文件的<head>和</head>之间，修改调用的 CSS 和 JavaScript 的文件的路径。由于新复制的代码相对于原来的路径发生了变化，均放入到 zygdtptx 文件夹内，因此修改时只需要在 CSS 和 JavaScript 文件的路径前加上"zygdtptx/"即可，修改后代码如下所示：

```
<link rel="stylesheet" href="zygdtptx/css/orbit-1.2.3.css">
<link rel="stylesheet" href="zygdtptx/css/lanrenzhijia.css">
<script type="text/javascript" src="zygdtptx/js/jquery-1.5.1.min. js"></script>
<script type="text/javascript" src="zygdtptx/js/jquery.orbit-1.2.3.min. js">
</script>
<!--[if IE]>
<style type="text/css">
```

```
.timer { display: none !important; }
div.caption  {  background:transparent;  filter:progid:  DXImageTransform.
Microsoft. gradient(startColorstr=#99000000,endColorstr=#99000000);zoom: 1; }
</style>
<![endif]-->
<!-- Run the plugin -->
<script type="text/javascript">
        $(window).load(function() {
            $('#featured').orbit();
        });
    </script>
```

步骤四：测试页面在浏览器中的显示效果，新加入的"左右滚动图片切换特效"的显示位置出现问题，从页面的最顶端开始显示，且看不到原页面的背景图，如图 4-41 所示。

图 4-41　特效调整后的显示效果

步骤五：打开 zygdtptx 文件夹内的 css 文件夹，打开"lanrenzhijia.css"文件，做如下 3 处修改。

● 将 contenter 的样式进行注释。

● 将 content 的样式的背景图片修改为我们事先准备好的"gyjsxy_r17_c42.jpg"文件。

● 将 body 样式中的白色背景色进行注释。

修改完成后代码如下：

```
/*.container {
position: absolute;
top: 160px;
left: 50%;
margin: 0 auto;
}*/      /*注释掉的部分*/
.content {
background:url(../../images/gyjsxy_r17_c42.jpg); /*将背景图修改为事先准备好的背景
图片*/
}
body {
/*   background: #fff; */      /*将设置页面背景色为白色注释掉，显示原来页面中的背景图片*/
 font-family: "HelveticaNeue", "Helvetica Neue", Helvetica, Arial, "Lucida
Grande", sans-serif;
```

```
font-size: 13px;

line-height: 18px;

text-shadow: 0 0 1px rgba(0, 0, 0, 0.01);

color: #555;

}
```

步骤六：查看页面在浏览器中的显示效果，发现有一张图显示为黑色背景，页面效果如图 4-42 所示。

图 4-42　特效再次调整后的显示效果

步骤七：打开 zygdtptx 文件夹内的 css 文件夹内的"orbit-1.2.3.css"文件。将 featured 样式全部进行注释，将素材中的图片"gyjsxy_r17_cs2.jpg"作为 featured 样式的背景图，修改后的代码如下：

```
#featured {

background:url(../../images/gyjsxy_r17_c42.jpg);

/*width: 940px;

height: 450px;

background: #000 url('../images/loading.gif') no-repeat center center;

overflow: hidden; */

}
```

步骤八：将准备好的素材"l.gif"和"r.gif"两个图片，放到 zygdtptx 文件夹的 images 文件夹中。并打开 zygdtptx 文件夹内 CSS 文件夹的"orbit-1.2.3.css"文件，将下面代码进行修改，代码如下：

```
div.slider-nav span {

    width: 78px;

    height: 100px;

    text-indent: -9999px;

    position: absolute;

    z-index: 1000;

    top: 50%;

    margin-top: -50px;

    cursor: pointer;

}

div.slider-nav span.right {

    background: url(../images/right-arrow.png);

    right: 0; }
```

```
div.slider-nav span.left {
    background: url(../images/left-arrow.png);
    left: 0; }
```

修改好的代码为

```
div.slider-nav span {
    width: 20px;
    height: 36px;
        /*width 和 height 修改 span 标签的显示区域*/
    margin-left:20px;
    margin-right:20px;
        /*margin-left 和 margin-right 调整左右方向图片水平方向的显示位置*/
    text-indent: -9999px;
    position: absolute;
    z-index: 1000;
    top: 50%;
    margin-top: -20px;/*调整左右方向图片垂直方向的显示位置*/
    cursor: pointer;
}

div.slider-nav span.right {
    background: url(../images/r.gif);
    right: 0;       }

div.slider-nav span.left {
    background: url(../images/l.gif);
    left: 0; }
```

步骤九：查看网页在浏览器中的显示效果，如图 4-39 所示。

（2）"无缝滚动图片"特效

某学院计算机系网站首页页脚的"优秀毕业生"模块，采用了"无缝滚动图片"特效，如图 4-43 所示。浏览者可以点击图片，查看某毕业生的详细信息。

图 4-43 "无缝滚动图片"特效效果图

由于目前我们掌握的静态网页的知识不足以制作出功能强大的 jQuery 特效，因此在搜集特效实例时，也可以根据需求灵活变化，只要最终符合客户的功能需求和网页整体配色方案即可。下面我们通过修改现有的 jQuery 特效实例的方法进行详细讲解，并参照效果图制作出功能相同，但显示效果稍作调整的网页特效。

步骤一：首先打开本章节提供的素材"无缝滚动图片特效"文件夹，在浏览器中查看实例的显示效果，如图 4-44 所示。大家也可以根据网页设计的需要，选择其他搜集的合适的 JavaScript 或 jQuery 特效。

图 4-44 "无缝滚动图片"特效实例效果图

步骤二：打开网站首页"index.html"文件，找到 id 名称为"con_b"的标记。在\<div id="con_b"\>和\</div\>之间加入如下代码：

```
<div class="title_f"><span><a href="#">更多>></a></span>
  <h3>优秀毕业生</h3>
</div>
```

查看页面在浏览器中的显示效果，如图 4-45 所示。

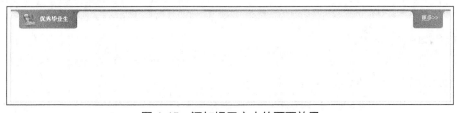

图 4-45 添加提示文本的页面效果

步骤三：打开本章节提供的素材"无缝滚动图片特效"文件夹，拷贝粘贴到站点根目录下，重命名为 wfgdtp，打开 wfgdtp 文件夹内的 index.html 文件，选择\<body\>和\</body\>之间的代码，代码内容如下：

```
<!--swf02-->
        <DIV id=demo class="hdo gd_img" style="OVERFLOW: hidden; WIDTH: 735px;
HEIGHT: 165px">
        <TABLE cellPadding=0 align=left border=0 cellspace="0">
          <TBODY>
          <TR>
            <TD id=demo1 vAlign=top>
              <TABLE cellSpacing=0 cellPadding=4 width=2150 border=0 id="tupian">
                <TBODY>
                <TR>
                <TD align=middle><A class=a1 href="#"><IMG src="zsimg/01.jpg"
><BR>王晓兰律师</A></TD>
```

```
                <TD align=middle><A class=a1 href="#"><IMG src="zsimg/02.jpg"
><BR>王晓兰律师</A></TD>
                <TD align=middle><A class=a1 href="#"><IMG src="zsimg/01.jpg"
><BR>王晓兰律师</A></TD>
                <TD align=middle><A class=a1 href="#"><IMG src="zsimg/02.jpg"
><BR>王晓兰律师</A></TD>
                <TD align=middle><A class=a1 href="#"><IMG src="zsimg/01.jpg"
><BR>王晓兰律师</A></TD>
                <TD align=middle><A class=a1 href="#"><IMG src="zsimg/02.jpg"
><BR>王晓兰律师</A></TD>
                <TD align=middle><A class=a1 href="#"><IMG src="zsimg/01.jpg"
><BR>王晓兰律师</A></TD>
                <TD align=middle><A class=a1 href="#"><IMG src="zsimg/02.jpg"
><BR>王晓兰律师</A></TD>
                <TD align=middle><A class=a1 href="#"><IMG src="zsimg/03.jpg"
><BR>王晓兰律师</A></TD>
                <TD align=middle><A class=a1 href="#"><IMG src="zsimg/04.jpg"
><BR>王晓兰律师</A></TD>
                <TD align=middle><A class=a1 href="#"><IMG src="zsimg/05.jpg"
><BR>王晓兰律师</A></TD>
                <TD align=middle><A class=a1 href="#"><IMG src="zsimg/08.jpg"
><BR>王晓兰律师</A></TD>
                <TD align=middle><A class=a1 href="#"><IMG src="zsimg/06.jpg"
><BR>王晓兰律师</A></TD>
                <TD align=middle><A class=a1 href="#"><IMG src="zsimg/07.jpg"
><BR>王晓兰律师</A></TD>
                <TD align=middle><A class=a1 href="#"><IMG src="zsimg/08.jpg"
><BR>王晓兰律师</A></TD>
                <TD align=middle><A class=a1 href="#"><IMG src="zsimg/01.jpg"
><BR>王晓兰律师</A></TD>
                <TD align=middle><A class=a1 href="#"><IMG src="zsimg/02.jpg"
><BR>王晓兰律师</A></TD>
                <TD align=middle><A class=a1 href="#"><IMG src="zsimg/03.jpg"
><BR>王晓兰律师</A></TD>
                <TD align=middle><A class=a1 href="#"><IMG src="zsimg/04.jpg"
><BR>王晓兰律师</A></TD>
            </TR></TBODY></TABLE></TD>
        <TD id=demo2 vAlign=top></TD></TR></TBODY></TABLE></DIV>
    <SCRIPT>
```

```
    var speed1=25//速度数值越大速度越慢

document. getElementById("demo2"). innerHTML=document. getElementById("demo1").innerHTML
    function Marquee1(){

if(document.getElementById("demo2").offsetWidth-document.getElementById("demo").
scrollLeft<=0)

document.getElementById("demo").scrollLeft-=document. getElementById ("demo1").offsetWidth
    else{
    document.getElementById("demo").scrollLeft++
    }
    }
    var MyMar1=setInterval(Marquee1,speed1)
    document.getElementById("demo").onmouseover=function () {clearInterval (MyMar1)}
    document.getElementById("demo").onmouseout=function () {MyMar1=setInterval(Marquee1,speed1)}
    </SCRIPT>


    <!--//swf02-->
```

步骤四：将步骤三中的代码复制，粘贴到 id 名称为 "con_b" 的标记内的 "<div class="title_f"><span><a href="#">更多>></a></span>   <h3>优秀毕业生</h3></div>" 代码的后面，并将代码中的图片替换为素材中的图片 "gyjsxy_r44_c13.jpg"，将代码中 "王晓兰律师" 的名字修改为 "学生姓名"。修改后的代码如下：

```
    <!--swf02-->
    <DIV id=demo class="hdo gd_img" style="OVERFLOW: hidden; WIDTH: 735px; HEIGHT:
165px">
        <TABLE cellPadding=0 align=left border=0 cellspace="0">
          <TBODY>
          <TR>
           <TD id=demo1 vAlign=top>
             <TABLE cellSpacing=0 cellPadding=4 width=2150 border=0 id="tupian">
              <TBODY>
              <TR>
               <TD align=middle><A class=a1 href="#"><IMG src= "images/ gyjsxy_
r44_c13.jpg"><BR>学生名字</A></TD>
                <TD align=middle><A class=a1 href="#"><IMG src="images/gyjsxy _
r44_c13.jpg" ><BR>学生名字</A></TD>
                <TD align=middle><A class=a1 href="#"><IMG src="images/gyjsxy_
r44_c13.jpg" ><BR>学生名字</A></TD>
```

```
                <TD align=middle><A class=a1 href="#"><IMG src="images/gyjsxy_
r44_c13.jpg" ><BR>学生名字</A></TD>
                <TD align=middle><A class=a1 href="#"><IMG src="images/gyjsxy_
r44_c13.jpg" ><BR>学生名字</A></TD>
                <TD align=middle><A class=a1 href="#"><IMG src="images/gyjsxy_
r44_c13.jpg" ><BR>学生名字</A></TD>
                <TD align=middle><A class=a1 href="#"><IMG src="images/gyjsxy_
r44_c13.jpg" ><BR>学生名字</A></TD>
                <TD align=middle><A class=a1 href="#"><IMG src="images/gyjsxy_
r44_c13.jpg" ><BR>学生名字</A></TD>
                <TD align=middle><A class=a1 href="#"><IMG src="images/gyjsxy_
r44_c13.jpg" ><BR>学生名字</A></TD>
                <TD align=middle><A class=a1 href="#"><IMG src="images/gyjsxy_
r44_c13.jpg" ><BR>学生名字</A></TD>
                <TD align=middle><A class=a1 href="#"><IMG src="images/gyjsxy_
r44_c13.jpg" ><BR>学生名字</A></TD>
                <TD align=middle><A class=a1 href="#"><IMG src="images/gyjsxy_
r44_c13.jpg" ><BR>学生名字</A></TD>
                <TD align=middle><A class=a1 href="#"><IMG src="images/gyjsxy_
r44_c13.jpg" ><BR>学生名字</A></TD>
                <TD align=middle><A class=a1 href="#"><IMG src="images/gyjsxy_
r44_c13.jpg" ><BR>学生名字</A></TD>
                <TD align=middle><A class=a1 href="#"><IMG src="images/gyjsxy_
r44_c13.jpg" ><BR>学生名字</A></TD>
                <TD align=middle><A class=a1 href="#"><IMG src="images/gyjsxy_
r44_c13.jpg" ><BR>学生名字</A></TD>
                <TD align=middle><A class=a1 href="#"><IMG src="images/gyjsxy_
r44_c13.jpg" ><BR>学生名字</A></TD>
                <TD align=middle><A class=a1 href="#"><IMG src="images/gyjsxy_
r44_c13.jpg" ><BR>学生名字</A></TD>
            </TR></TBODY></TABLE></TD>
        <TD id=demo2 vAlign=top></TD></TR></TBODY></TABLE></DIV>
    <SCRIPT>
var speed1=25//速度数值越大速度越慢
document.getElementById("demo2"). innerHTML=document. getElementById ("demo1").innerHTML
function Marquee1(){
if(document.getElementById("demo2"). offsetWidth-document. getElementById
```

```
("demo").scrollLeft<=0)
    document.getElementById("demo"). scrollLeft-=document. getElementById ("demo1").offsetWidth
    else{
    document.getElementById("demo").scrollLeft++
    }
    }
    var MyMar1=setInterval(Marquee1,speed1)
    document.getElementById("demo").onmouseover=function () {clearInterval (MyMar1)}
    document.getElementById("demo").onmouseout=function () {MyMar1=setInterval(Marquee1,speed1)}
    </SCRIPT>
<!--swf02-->
```

步骤五：打开 wfgdtp 文件夹内的 index.html 文件，找到<head>和</head>之间的 CSS
样式代码：

```
img{ border:none;}
.gd_img{
width:100%;
text-align:left;
position: relative;
padding-top:10px;
line-height:120%;
margin-bottom:10px;
background-color:#CCCCCC;
}
.gd_img a{
color:#000;text-decoration: none;}
.gd_img a:hover{
color:#FF0000;
}
.gd_img td.a.img{
}

.gd_img .caseb{position:absolute;
margin-top:-9px;}
.gd_img #tupian td{
padding-right:12px;
width:110px;
}
.gd_img #tupian td img{
width:100px;
```

```
height:140px;
overflow:hidden;
}
```

由于以上样式代码全部写到了页面的<head>和</head>之间，为了满足网页的结构与表现分开的原则，我们在站点根目录的 CSS 文件夹内下新建一个样式表文件，命名为"wfgdtp.css"。将代码单独存放其中，然后添加如下代码实现此样式表文件与计算机系网站首页"index.html"文件的样式关联。

```
<link href="css/wfgdtp.css" rel="stylesheet" type="text/css" />
```

测试页面在浏览器中的显示效果，如图 4-46 所示。

图 4-46　调整实例特效后的页面效果

步骤六：由图 4-46 可以看出，无缝滚动图片效果只是占据了部分区域。将拷贝到<body>和</body>中的代码进行修改，要修改的代码如下：

```
    <DIV id=demo class="hdo gd_img" style="OVERFLOW: hidden; WIDTH: 735px; HEIGHT:
165px">
```

将此区块的显示宽度调整为百分百显示。并设置区块的上边距的距离为 20 像素。修改完成后的代码如下：

```
<DIV id=demo class="hdo gd_img" style="OVERFLOW: hidden; WIDTH: 100%; HEIGHT:
165px; margin-top:20px;">
```

查看页面在浏览器中的显示效果，如图 4-47 所示：

图 4-47　调整实例特效显示比例后的页面效果

步骤七：由图 4-47 可以看出，无缝滚动的图片的背景色显示为灰色。打开 wfgdtp.css 文件，调整样式 gd_img 的背景色，将灰色调整为白色。代码如下：

```
background-color:#FFF;
```

步骤八：查看页面在浏览器中的显示效果，如图 4-48 所示。

图 4-48　无缝滚动图片特效最终页面效果

4.5　任务拓展

4.5.1　变量的命名规范

● 必须以字母、下划线或美元符号开头，后面可以跟字母、下划线、美元符号和数字。
● 变量名区分大小写。
● 不允许使用 JavaScript 关键字作为变量名。
● 使用 var 声明变量，变量声明时不指定具体数据类型，其具体数据类型由给其赋的值决定。也可以不经声明而直接使用变量，但必须先赋值再取值。

4.5.2　JavaScript 中的定时器

定时器用来指定在一段特定的时间后执行某段程序。在 JavaScritp 中，有两个关于定时器的专用函数，分别为

① 倒计时定时器：timename=setTimeout("function();",delaytime)。
② 循环定时器：timename=setInterval("function();",delaytime)。

第一个参数"function()"是定时器触发时要执行的动作，可以是一个函数，也可以是几个函数，函数间用";"隔开即可。比如要弹出两个警告窗口，便可将"function();"换成"alert('第一个警告窗口!');alert('第二个警告窗口!');"；而第二个参数"delaytime"则是间隔的时间，以毫秒为单位，即填写"5000"，就表示 5 秒。

倒计时定时器是在指定时间到达后触发事件，而循环定时器就是在间隔时间到来时反复触发事件，两者的区别在于：前者只是作用一次，而后者则不停地作用。

如果打开一个页面后，想间隔几秒自动跳转到另一个页面，则需要采用倒计定时器"setTimeout("function();",delaytime)"，而如果想将某一句话设置为逐字显示，则需要用到循环定时器"setInterval("function();",delaytime)"。

实现自动显示日期和时间的代码如下：

```
<!DOCTYPE  html  PUBLIC  "-//W3C//DTD  XHTML  1.0  Transitional//EN"
"http://www.w3.org/TR/xhtml1/DTD/xhtml1-transitional.dtd">
<html xmlns="http://www.w3.org/1999/xhtml">
<head>
<meta http-equiv="Content-Type" content="text/html; charset=gb2312" />
<title>系统时间</title>
<script language="javascript" type="text/javascript">
<!--
```

```
//获得当前时间,刻度为一千分一秒
var initializationTime=(new Date()).getTime();
function showLeftTime()
{
var now=new Date();
var year=now.getYear();
var month=now.getMonth();
var day=now.getDate();
var hours=now.getHours();
var minutes=now.getMinutes();
var seconds=now.getSeconds();
document.all.show.innerHTML=""+year+" 年 "+month+" 月 "+day+" 日 "+hours+":
"+minutes+":"+seconds+"";
//一秒刷新一次显示时间
var timeID=setTimeout(showLeftTime,1000);
}
//-->
</script>
</head>
<body onload="showLeftTime()">
<div id="show">显示时间的位置</div>

</body>
</html>
```

4.6　项目小结

　　本章以"制作网页特效"任务为驱动,通过"行为面板"、编写 JavaScript 代码、修改现有的 JavaScript 或 jQuery 特效实例 3 种方法完成了网站首页特效的添加,提升了网页的特效。

4.7　项目练习

一、选择题

（1）关于行为的描述,错误的是（　　　）。

A. 行为的添加可以通过行为面板,也可以自己动手编写 JavaScript 代码来实现

B. 行为是触发某事件后来执行特定的动作的行为

C. 一个行为只能响应某一个事件,而不可以响应多个事件

D. 一个行为可以响应多个事件,这些事件可以依次触发响应

（2）以下属于 JavaScript 技术特征的是（   ）。

A．解释型脚本语言

B．可以跨平台

C．基于对象和事件驱动

D．具有以上各种功能

（3）编写 JavaScript 程序时，可以通过下面哪种环境（   ）。

A．只能使用 Dreamweaver

B．只能使用 FrontPage

C．只能使用记事本

D．可以使用任何一种文本编辑器

（4）利用"行为面板"可以实现以下网页特效的添加（   ）。

A．显示—隐藏对象

B．调用编写好的特定函数

C．关闭网页文档

D．实现图片交换效果

二、操作题

（1）编写 JavaScript 程序，利用 window.alert 弹出确认框"欢迎访问我们的网站！"。

（2）完成系部网站首页特效的添加。

 独立实践任务

【任务描述】

设计和制作三木企业网站网页特效。

【任务背景】

在前面任务中，我们已经完成了三木企业网站首页的基本内容的制作，本任务要实现网页特效的制作。

（1）特效 1：如图 4-49 所示，使网页效果丰富起来，具有动感特效。

图 4-49　网站首页 banner 网页特效

（2）特效 2：如图 4-50 所示，设计制作网站多个图片无缝滚动特效。

图 4-50　网站图片无缝滚动特效

【任务要求】

（1）参照图 4-49，修改现有的网页特效实例并应用到网站 banner 处。

（2）参照图 4-50，修改现有的网页特效实例并应用到网站主内容区的最底部。

（3）特效应用遵循网页结构、表现与行为分开的原则。

【任务分析】

_____

_____

_____

_____

_____

_____

【主要制作步骤】

_____

_____

_____

_____

_____

_____

_____

_____

_____

_____

_____

_____

_____

_____

_____

_____

_____

项目 ❺ 设计和制作网站二级页面

在做网站设计时，尤其是大型网站，为了统一网站的设计风格，同一类网页通常会采用相同的版式设计，它们拥有相同的布局、板式、导航条、页脚版权信息等，如果逐页设计，会产生大量的重复工作。Dreamweaver 为我们提供了模板和库工具，可以将网页中不变的元素固定下来，再应用到其他的网页上去，这样一来就极大地避免重复工作，提高网页设计和制作效率。

通过学习本项目，应达到以下学习目标。

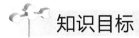

知识目标

（1）掌握在网页中创建模板的方法。
（2）掌控添加可编辑区域的方法。
（3）掌握模板的更新和管理方法。

技能目标

（1）能应用模板技术创建网站二级页面。
（2）能更新和管理模板。

5.1　任务描述：应用模板创建计算机系部网站二级页面

网页模板的创建与应用是一种特殊的网页元素定位技术。它是专门用来创建其他文档的基础文档。Dreamweaver 中的模板可以用来快速创建风格一致的网页，并可在需要更新时同时更新多个网页。利用模板使得创建网页和更新网页变得快速、高效。

5.2　任务分析

到目前为止，我们已经创建好了网站的首页，现在要制作风格一致的网站二级页面。

用到的知识点主要是模板和库，布局相同的页面可以通过模板来创建，此举能够大大提高工作效率。

任务准备

5.3.1 创建模板

创建模板是为了节省网站的开发时间，也是为了统一网站的风格，更是便于对网站和网页进行管理和修改。

1. 空白模板创建

执行【文件】/【新建】命令，弹出"新建文档"对话框，在对话框中选择"空模板/HTML模板/无"选项，单击"确定"按钮，创建空白文档，如图 5-1 所示。

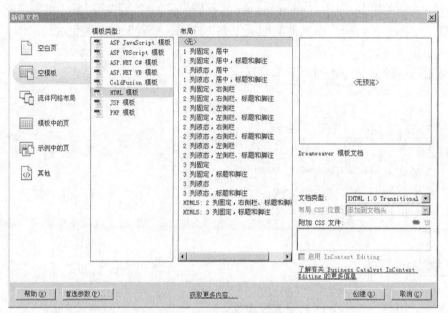

图 5-1 "新建文档"对话框

执行【文件】/【另存为】命令，弹出"Dreamweaver"提示对话框，如图 5-2 所示。

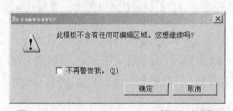

图 5-2 Dreamweaver CS6 提示对话框

单击"确定"按钮，弹出"另存为"对话框，在对话框中的"文件名"文本框中输入"moban"，则系统将为我们创建一个"moban.dwt"的模板文件。单击"确定"按钮，将该模板保存到站点目录下。

2. 基于现有网页创建模板

打开已经编辑好的网页，在 Dreamweaver CS6 的主窗口中，选择【文件】/【另存为模板】命令，弹出"另存模板"对话框，如图 5-3 所示。

在"另存模板"对话框中的"站点"下拉列表框中选择模板保存的站点，在此我们选择"web"。在"现存的模板"列表框中显示了当前站点中的所有模板，由于本站点暂时没有创建模板，所以显示"（没有模板）"。

在"另存为"文本框中输入模板的名称，这里输入"moban"。

设置完毕后，在"另存模板"对话框中，单击"保存"按钮，弹出一个"要更新链接吗？"提示信息对话框，如图 5-4 所示。如果在该对话框中单击"是"按钮，则当前网页会被转换成模板，同时系统将自动在所选择站点的根目录下创建"Templates"文件夹，并将创建的模板文件保存在该文件夹中。

图 5-3 "另存模板"对话框 　　　　图 5-4 提示信息对话框

3．创建可编辑区域

由模板创建的网页，只能在可编辑区域输入内容和更改操作。可编辑区域是指通过模板创建的网页中可以进行添加、修改和删除网页元素等操作的区域。具体操作步骤如下：

（1）在 Dreamweaver CS6 中打开创建的模板网页，将鼠标定位到需要创建可编辑区域的位置。

（2）选择菜单栏的【插入】/【模板对象】/【可编辑区域】命令。

（3）打开可编辑区域对话框，如图 5-5 所示。

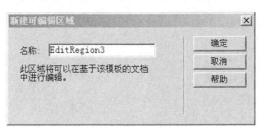

图 5-5 "新建可编辑区域"对话框

（4）在"名称"文本框中输入可编辑区域名称。

（5）单击"确定"按钮完成可编辑区域的创建，建立的可编辑区域为绿色框线区域。

5.3.2　应用模板

模板设计好之后，我们就可以由模板创建网页，也可以使网页应用模板。

1．由模板创建网页

（1）执行【文件】/【新建】命令，弹出"新建文档"/"模板中的页"对话框，在对话框中选择要使用的模板。

（2）单击"创建"按钮，创建一个基于模板的网页文档。

（3）执行【文件】/【保存】命令，弹出"另存为"对话框，将文件保存到相应的目录下，将文件命名即可完成创建。

（4）单击"确定"按钮保存文档。将光标置于可编辑区域中编辑页面即可。

2. 将已有网页应用模板

（1）打开要应用模板的网页文件。

（2）单击菜单栏中的【修改】/【模板】/【应用模板到页】命令，或者在"资源面板"中，选择要应用的模板，单击右下角的"应用"按钮即可。

（3）网页应用了所选模板。

5.4 任务实施

5.4.1 创建网站模板页

首先，我们对系部网站二级页面设计的效果图进行分析，如图 5-6 所示。不难发现，二级页面跟网站首页风格一致，具有相同的页眉、边栏及页脚，之前我们已经完成了网站首页的制作，我们可以基于首页创建模板页。

图 5-6　系部网站二级页面设计的效果图

（1）打开已经编辑好的首页 index.html，在 Dreamweaver CS6 主窗口中，选择命令【文件】/【另存为模板】，弹出"另存模板"对话框，如图 5-7 所示，在"另存为"文本框中输入"jsj_moban"保存为模板文件。

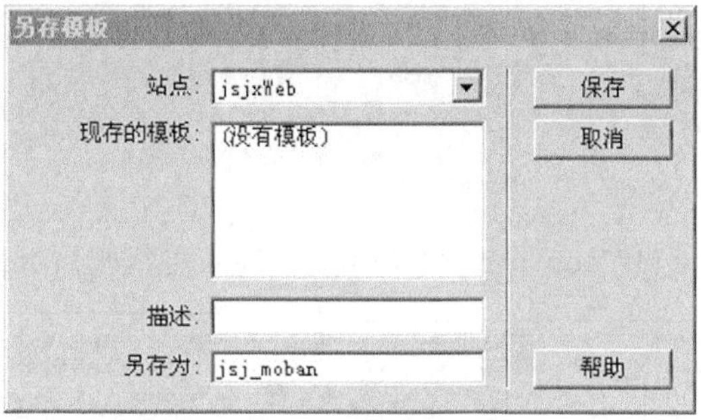

图 5-7 "另存模板"对话框

（2）编辑该模板页。网站首页的主体内容分为左右两大部分，首页中边栏布局在右侧，二级页面边栏布局在左侧，我们首先修改模板页面的左右布局分布。

在样式文件中新增加两个样式，代码如下：

```
#con_l_2                        {
 width: 245px;
 float: left;
}


#con_r_2                        {
 width: 745px;
 float: right;
}
```

（3）修改模板代码<div id="con_r">为<div id="con_r_2">，<div id="con_l">为<div id = "con_l_2">，效果如图 5-8 所示。

图 5-8 模板左右布局换位效果图

（4）设置 ID 名称为 "con_r_2" 的 DIV 内部内容为空，如图 5-9 所示。

```
<div id="con_r_2">
   /*删除部分*/
</div>
```

（5）在右边区域<div id="con_r_2"></div>中间插入可编辑区域，如图 5-10 所示。

图 5-9　右侧内容修改为空　　　　　　　　图 5-10　插入可编辑区域

（6）模板建立完成。

5.4.2　应用模板页制作系部网站二级页面

（1）执行【文件】/【新建】命令，弹出 "新建文档" / "模板中的页" 对话框，在对话框中选择刚才创建的模板 "jsj_moban"。

（2）单击 "创建" 按钮，创建一个基于该模板的二级页面。

（3）在可编辑区域里编辑网站二级页面内容。

（4）执行【文件】/【保存】命令，弹出 "另存为" 对话框，将文件保存到相应的二级目录下即可。

5.5　任务拓展

5.5.1　更新模板

建立网站并不是一劳永逸的事，网页可能会更新，甚至栏目也有可能要增加。如果网站的二级页面没有采用模板技术，那么手动逐个修改页面使新旧页面保持一致将是十分烦琐的事。模板使用之后，Dreamweaver 提供了自动更新所有网页的功能，这就解决了这个问题。

对网页模板进行修改后，可以将网页模板的修改应用于所有由该模板生成的网页。

（1）打开模板文档，对网页模板中的文字、图像或表格进行必要的修改后保存。

（2）单击工具栏中的【修改】/【模板】/【更新页面】，弹出 "更新页面" 对话框，如图 5-11 所示。

图 5-11 "更新页面"对话框

（3）在"更新页面"对话框中选中复选框"显示记录"，在其下方"状态"列表框中将会显示检查文件数、更新文件数等详细的更新信息。

（4）在"更新页面"对话框中的"查看"下拉列表框中，如果选择"整个站点"，然后单击"完成"按钮，将会对基于模板创建的网页全部进行更新。

（5）更新完成后，单击该对话框中的"关闭"按钮，更新页面操作结束。

5.5.2 应用库项目

当涉及频繁改动网站的时候，库的使用可以让操作变得轻松自如。如果使用了库，就可以通过改动库更新所有采用库的网页，而不用逐个地修改网页元素或者重新制作网页。

1. 创建库项目

在 Dreamweaver 中，可以将文档页面中的元素创建成库项目，这些元素包括文本、表格、表单等。

创建库项目的具体操作步骤如下。

① 选择文档的一部分，例如选择一个图片，如图 5-12 所示。

图 5-12 选择"视频校园"图像

② 打开资源面板，单击"库"按钮，打开库类别，如图 5-13 所示，单击"新建库项目"按钮，如图 5-14 所示。

图 5-13　资源面板

图 5-14　"资源面板"中的"新建库项目"按钮

③ 给库项目命名，库就创建好了，如图 5-15 所示。

图 5-15　完成的库项目

2. 插入库项目

将插入点放在"文档"窗口中，如图 5-16 所示，单击"插入"按钮，如图 5-17 所示。

图 5-16　确定插入点位置

图 5-17　"资源面板"中的"插入"按钮

3. 更新库项目

① 选中页面中的库项目,如图 5-18 所示。

图 5-18 选择页面中的库项目

② 在属性面板中单击"打开"按钮,如图 5-19 所示。

图 5-19 "库项目"属性面板

③ 修改库项目,修改完成之后保存。

④ 在"更新库项目"对话框中单击"更新"按钮,如图 5-20 所示,选择更新的范围,更新完成之后单击"关闭"按钮,如图 5-21 所示。

图 5-20 "更新库项目"对话框   图 5-21 "更新页面"对话框

<table>
<tr><td>5.6</td><td>项目小结</td></tr>
</table>

本单元主要使用模板和库制作网页,使用模板和库可以使网站维护变得很轻松,尤其是在对一个规模较大的网站进行维护时,就更能体现出使用模板的优势。此外,通过修改库项目,可以方便地对远程网站进行更新,而不用将每一个网页文件重新再上传到远程网站中。

5.7　项目练习

一、填空题

（1）模板是具有固定格式和内容的文件，文件扩展名为_____，库文件扩展名为_____。

（2）_____是指通过模板创建的网页中进行添加、修改和删除网页元素等操作的区域。

（3）_____是一种用来存储要在整个站点上经常重复使用或者更新的页面元素的方法。

二、上机操作

将现有的网站首页另存为模板并插入可编辑区域，建立二级页面，效果如图 5-22 所示。

图 5-22　二级页面效果图

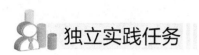

独立实践任务

【任务描述】

设计和制作三木企业网站二级页面。

【任务背景】

在前面任务中，我们已经完成了三木企业网站首页，现在我们需要建立导航栏指定的 7 个二级页面，首页导航栏如图 5-23 所示。

图 5-23　首页导航栏效果图

二级页面布局效果图已由设计人员完成，如图 5-24 所示。

图 5-24　二级页面布局效果图

【任务要求】

（1）基于现有首页创建网站模板。

（2）按照效果图修改网站模板布局结构。

（3）在合适位置建立可编辑区域。

（4）用模板创建网站各个二级页面。

（5）完善各个二级页面详细内容。

【任务分析】

_____

_____

_____

_____

_____

_____

_____

【主要制作步骤】

_____

_____

_____

_____

_____

_____

_____

_____

_____

_____

_____

_____

_____

_____

_____

_____

_____

_____

项目 ❻ 制作网站后台管理页面

一个完整的网站除了前台的设计和实现外，还需要有后台管理员的后台管理界面。后台管理界面一般包括管理员的登录界面和后台主界面两个部分。在本项目单元中，我们将通过表格、表单及框架技术对其进行设计和实现。

表格（Table）在网页中的使用非常广泛，它可以方便有效地组织数据，并将数据清晰地、有条理地显示出来。早期的页面布局也通过表格来实现，随着 CSS+DIV 技术的不断应用，绝大多数复杂的页面布局已经不再使用表格布局，但是后台管理的登录页面由于其简单，还保留了表格布局的简单灵活的优势。

表单（Form）是 HTML 的重要组成部分，表单的应用在互联网上随处可见，是用户信息和服务器进行交互的重要方式，网页可以通过表单接收用户输入的信息，提交给服务器，同样，服务器也可以通过表单将信息反馈给用户，如邮箱的申请、网上注册、网上登录等。

框架（Frame）技术虽然不属于目前网页布局的主流技术，但是由于其应用简单，实现方便，且更符合后台管理员的功能需求，所以经常在网站后台管理界面中应用。

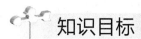 知识目标

（1）理解表格的概念。
（2）理解表单的概念。
（3）理解框架和框架集的概念。
（4）掌握表格的常用标签及属性。
（5）掌握常用表单及表单控件的使用。
（6）掌握框架和框架集的属性。

技能目标

（1）能够创建表格。
（2）能够创建表单。
（3）能够添加表单控件。
（4）通过框架、表格和表单完成后台登录页面和主界面的布局。

任务1描述：制作网站后台登录页面

网站前台页面设计完成之后，后期使用过程中需要不断地更新和完善网站内容，因此需要管理人员能够通过登录网站进行内容的更新和完善。本任务的内容是制作网站后台登录页面，管理员可以通过后台实现网站的管理和维护。

任务1分析

后台登录页面为管理员提供身份验证，以保证后台管理的安全性。页面设计的主要目标是安全实用。因此考虑采用表格和表单相结合的方式完成网站后台登录页面的制作。

任务1准备

6.3.1 表格构成

1. 表格的概念

表格是用于在网页上显示表格式数据及对文本、图形或图像进行布局的强有力的工具。

2. 表格的构成

表格由行列交叉的单元格构成，在使用表格之前，认识单元格、表格的行、表格的列至关重要，如图6-1所示。

- 单元格：是用于容纳数据的基本单元。
- 表格的行：表格中横向的所有单元格组成一行。
- 表格的列：表格中竖向的单元格组成一列。

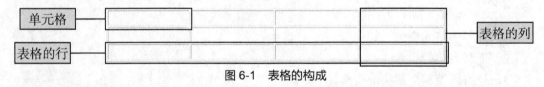

图 6-1　表格的构成

6.3.2 表格属性

表格属性设置直接影响表格在网页中的显示效果，进而影响网页的布局效果。表格属性设置主要包括表格的宽度、高度、填充、间距、对齐方式、边框、背景颜色、边框颜色、背景图像等，如图6-2所示，下面将对其进行详细说明。

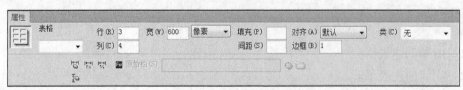

图 6-2　表格属性面板

- 行、列：设置组成表格的行数和列数。
- 宽：width，设置表格的宽度。取值单位可以为像素，也可以为浏览器窗口的百分比。
- 填充：cellpadding，设置单元格内容与边框之间的距离，如果不设置，浏览器将采用默认值而不是 0，强烈建议不采用默认值设定。

● 间距：cellspacing，设置单元格与单元格之间的距离；如果不设置，浏览器将采用默认值而不是 0。强烈建议不采用默认值设定。

● 对齐：align，设置表格在浏览器中的显示位置，其取值为默认值、左对齐、右对齐或居中对齐，默认值为左对齐。

● 边框：border，设置表格边框的宽度，单位为像素。使用表格布局时，一般将该值设置为 0。

● 清除列宽、清除行高：删除表格中列宽和行高的设置值。

● 将表格宽度转换为像素：将表格当前以浏览器窗口的百分比为单位的宽度转换为以像素为单位的宽度。

● 将表格宽度转换成百分比：将表格中以像素为单位的宽度转换成以浏览器窗口百分比为单位。包括表格的宽度和单元格的宽度。

● 边框颜色：设置整个表格的边框颜色。

● 背景颜色：设置整个表格的背景颜色。

● 背景图片：设置整个表格的背景图片。

6.3.3 单元格属性

表格的使用除了需要设置表格属性外，还需要设置表格的行属性、列属性和单元格属性。选择要设置的行、列或单元格，在属性面板中设置相关属性即可，如图 6-3 所示。下面将对其进行详细说明。

图 6-3 单元格属性面板

● 格式：设置段落、标题 1 到标题 6 及预先定义好的样式。

● ID：设置单元格的 ID 样式，也可以看作是网页中的元素的标识，其值在页面中是唯一的。

● 水平：设置单元格内容的水平对齐方式，其取值有 4 个值——默认（普通单元格左对齐，标题单元格居中对齐）、左对齐、右对齐和居中对齐。

● 垂直：设置单元格内容的垂直对齐方式，其取值有 5 个值——默认（居中对齐）、顶端对齐、居中对齐、底部对齐和基线对齐。

● 宽、高：设置单元格的宽度和高度，默认单位是像素，也可将其设置为百分比。

● 类：设置单元格的类别样式。

● 链接：设置单元格的超链接目标地址。

● 不换行：设置单元格内的文字不允许换行。如果单元格内的文字太多，则自动扩充单元格的宽度，直至能够容纳所有内容为止。

● 标题：将单元格设置为表格标题。设置为标题的单元格的内容会自动具有加粗居中效果。

● 背景颜色：设置单元格的背景色。

6.3.4　创建表格

表格的创建可以通过手动操作，也可以通过编写 HTML 代码直接完成。

（1）手动操作创建表格

在 Dreamweaver 的设计视图下，单击要插入表格的位置，选择【插入】/【表格】命令，在弹出的"表格"对话框中设置各个属性，如图 6-4 所示，单击"确定"按钮，完成表格的创建。

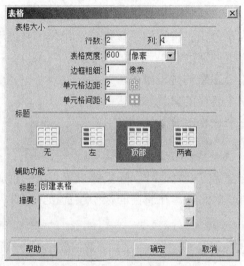

图 6-4　"表格"对话框

在浏览器中查看效果，如图 6-5 所示。

创建表格

图 6-5　表格效果图

（2）通过 HTML 代码创建表格

在 HTML 中，所有的网页元素都是通过标记来定义的，表格也不例外。创建表格需要使用表格的相关标记，创建表格的基本语法结构如下：

```
<table>
  <tr>
    <td>单元格内的内容</td>
    ...
  </tr>
  ...
</table>
```

此 HTML 结构中,包括了 3 对创建表格必不可少的标记,分别为<table></table>、<tr></tr>和<td></td>。

- <table></table>:用来定义一个表格。
- <tr></tr>:用来定义表格的一行,且必须嵌套在<table></table>之间。在<table></table>之间有几个<tr></tr>,该表格就有几行。
- <td></td>:用来定义表格的单元格,且必须嵌套在<tr></tr>之间。在<tr></tr>之间有几个<td></td>,该行就有几个单元格。

除此之外,创建表格还有一些其他标签和相关属性,后续应用中还会有具体介绍。

因此,图 6-5 也可以在代码视图下,通过编写 HTML 代码实现,具体代码如下:

```html
<table width="600" border="1" cellspacing="4" cellpadding="2">
  <caption>          <!--caption 标签用来定义表格的标题-->
    创建表格
  </caption>
  <tr>
    <th scope="col"> </th>    <!--表头单元格 - 包含表头信息(由 th 标签创建)-->
    <th scope="col"> </th>
    <th scope="col"> </th>
    <th scope="col"> </th>
  </tr>
  <tr>
    <td> </td>                <!--标准单元格 - 包含数据(由 td 标签创建)-->
    <td> </td>
    <td> </td>
    <td> </td>
  </tr>
</table>
```

6.3.5 操作表格

表格创建完成后,我们可以通过操作表格完成表格的设置。表格操作包括选择整个表格、选择行/列、选择单元格、添加行/列、删除行/列、拆分单元格、合并单元格等。表格操作的方法很多,我们列举其中常用的几种方法做一下介绍。

1. 选择整个表格

方法一:通过菜单选择表格,具体操作如下。
- 将光标定位在表格内,选择【编辑】/【全选】命令。
- 将光标定位在表格内,选择【修改】/【表格】/【选择表格】命令。
- 将光标定位在表格内,在表格内部单击鼠标右键,在弹出的快捷菜单中选择【表格】/【选择表格】命令。

方法二：通过鼠标选择表格，具体操作如下。

● 将鼠标放置到表格右下角的空白位置，按下鼠标左键向左上拖拽。

● 将鼠标定位到表格内，选择左下角的标签选择器中的<table>标签。

● 当鼠标指针移到表格的边框上变成 时，单击鼠标。

方法三：在代码视图下，选择<table>和</table>之间的所有代码。

2. 选择行/列

（1）选择单行

方法一：当鼠标指针指向想要选中行的左侧边框时，变成向右箭头，如图 6-6 所示，单击鼠标即可。

图 6-6　选择单行

方法二：将光标定位到表格内，选择左下角的标签选择器中的<tr>标签。

方法三：在代码视图下，选择<tr>和</tr>之间的代码。

（2）选择单列

方法：当鼠标指针指向想要选中列的顶端边框时，变成向下箭头，如图 6-7 所示，单击鼠标即可。

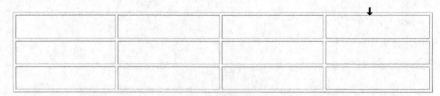

图 6-7　选择单列

（3）选择行/列

方法一：将光标定位在选区的起始单元格，按住 Shift 键，单击结束区域的单元格。

方法二：将光标定位在选区的起始单元格，拖拽鼠标进行选择。

多行或多列选区的效果图如图 6-8 所示。

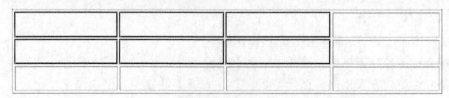

图 6-8　选择行/列

3. 选择单元格

（1）选择单个单元格

方法一：在要选中的单元格中单击，将其拖拽到当前单元格的右边框线。

方法二：将光标定位在单元格内，选择【编辑】/【全选】命令，或者使用 Ctrl+A 组合键。

方法三：将光标定位在单元格内，选择左下角的标签选择器中的<td>标签。

（2）选择多个单元格

方法一：在要选择的起始单元格中单击，将其拖拽到结束单元格中。

方法二：将光标定位在起始单元格内，按下 Shift 键的同时单击结束单元格。

4. 添加行/列

（1）添加行

方法一：将光标定位在要添加行的单元格内，选择【修改】/【表格】/【插入行】命令，则在当前单元格上方添加一个新行。具体操作如图 6-9 所示。

图 6-9　通过"修改"菜单插入行

方法二：将光标定位在要添加行的单元格内，选择【插入】/【表格对象】/【在上面插入行】命令，在单元格上方插入新行，如图 6-10 所示；选择【插入】/【表格对象】/【在下面插入行】命令，在单元格下方插入新行。

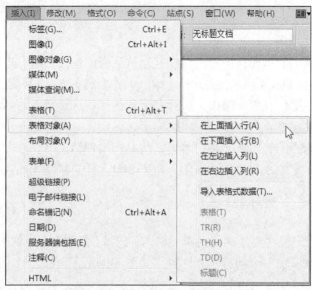

图 6-10 通过"插入"菜单插入行

方法三：将光标定位在要添加行的单元格内。在代码视图下，按照需要添加一个包含一定数量\<td\>\</td\>的\<tr\>\</tr\>代码。

添加行前后的效果图如图 6-11、图 6-12 所示。

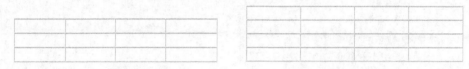

| 图 6-11　添加行之前 | 图 6-12　添加行之后 |

（2）添加列

方法一：将光标定位在要添加列的单元格内，选择【修改】/【表格】/【插入列】命令，则在当前单元格左侧添加一个新列。具体操作参照图 6-9。

方法二：将光标定位在要添加列的单元格内，选择【插入】/【表格对象】/【在左边插入列】命令，在单元格左侧插入新列；选择【插入】/【表格对象】/【在右边插入列】命令，在单元格右侧插入新列。具体操作参照图 6-10。

方法三：在代码视图中，按照需求在各列中添加\<td\>\</td\>代码。

5．删除行/列

（1）删除行

方法一：选中要删除的行，选择【修改】/【表格】/【删除行】命令。

方法二：选中要删除的行，选择【编辑】/【清除】命令。

方法三：选中要删除的行，在代码视图下，将选中的\<tr\>和\</tr\>及它们之间的代码删除。

（2）删除列

方法一：选中要删除的列，选择【修改】/【表格】/【删除列】命令。

方法二：选中要删除的列，选择【编辑】/【清除】命令。

6. 拆分单元格

方法一：将光标定位在进行拆分的单元格内，选择【修改】/【表格】/【拆分单元格】命令，或者单击"属性面板"中的拆分单元格按钮 ，弹出"拆分单元格"对话框，如图 6-13 所示，设置其参数，单击"确定"按钮即可。

图 6-13 "拆分单元格"对话框

方法二：在代码视图下，通过跨行的 rowspan 属性和跨列的 colspan 属性设置来实现。

7. 合并单元格

方法一：将光标定位在进行合并的单元格内，选择【修改】/【表格】/【合并单元格】命令，或者单击"属性面板"中的合并单元格按钮 即可。

方法二：在代码视图下，通过跨行的 rowspan 属性和跨列的 colspan 属性设置来实现。

8. 表格知识简单应用

（1）合并和拆分单元格

要求：为了强化拆分和合并单元格的操作，我们通过在代码视图下编写 HTML 代码，实现图 6-14 所示的表格创建。

分析：表格创建时，我们需要按最多的行和最多的列来计数。然后再通过 rowspan 实现跨行，colspan 实现跨列，完成表格单元的拆分和合并。创建图 6-14 所示表格的代码如下：

图 6-14 "拆分单元格"后的表格

```
<table width="600" border="1" align="center" cellpadding="0" cellspacing=
"0">
  <tr>
    <td rowspan="2"> </td>    <!--此单元格跨两行-->
    <td> </td>
    <td colspan="2"> </td>
```

```
  </tr>
  <tr>
    <td> </td>
    <td colspan="2"> </td>
  </tr>
  <tr>
    <td> </td>
    <td> </td>
    <td colspan="2"> </td>        <!--此单元格跨两列-->
  </tr>
  <tr>
    <td> </td>
    <td> </td>
    <td> </td>
  </tr>
</table>
```

（2）绘制细线表格

要求：为了加深对表格知识及表格属性的理解，我们通过制作一个细线表格的应用，如图 6-15 所示，强化表格知识的学习。

图 6-15　细线表格

分析：要绘制细线表格，表格自身的边框属性达不到这种效果，我们将巧妙利用单元格间距这一属性，将其设置为 1，这样单元格和单元格之间的距离就会产生一条细线。然后我们将表格和单元格分别设置为不同的背景色。此时，透过单元格与单元格之间的间距，就会看到表格的背景色，因此需要绘制的细线表格的颜色也就是表格的背景色。

（1）新建网页文件。

在站点下新建一个 HTML 文件，命名为"细线表格.html"。

（2）新建表格。

打开"细线表格.html"，在设计视图下选择【插入】/【表格】命令，弹出"表格"对话框，如图 6-16 所示，按照图 6-16 所示参数值进行设置，之后单击"确定"按钮。

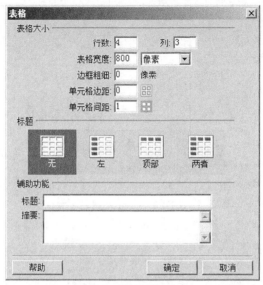

图 6-16 "表格"对话框

（3）为表格添加样式。

打开"细线表格.html"，设置表格和单元格的背景色。我们通过向文档的\<head>与\</head>之间加入样式来实现。操作时遵循表格的结构和样式分开的原则，我们将对表格的部分属性进行调整，则细线表格的最终代码如下。

```
<!DOCTYPE html PUBLIC "-//W3C//DTD XHTML 1.0 Transitional//EN"
"http://www.w3.org/TR/xhtml1/DTD/xhtml1-transitional.dtd">
<html xmlns="http://www.w3.org/1999/xhtml">
<head>
<meta http-equiv="Content-Type" content="text/html; charset=utf-8" />
<title>制作细线表格</title>
<style>
table{
    width:800px;
    background:#F00;
    border:0px;
    }
td{
    background:#ccc;
    }
</style>
</head>

<body>
<table border="0" cellspacing="1" cellpadding="10">
```

```
  <tr>
    <td> </td>
    <td> </td>
    <td> </td>
  </tr>
  <tr>
    <td> </td>
    <td> </td>
    <td> </td>
  </tr>
  <tr>
    <td> </td>
    <td> </td>
    <td> </td>
  </tr>
  <tr>
    <td> </td>
    <td> </td>
    <td> </td>
  </tr>
</table>
</body>
</html>
```

（4）查看页面在浏览器中的显示效果。

6.3.6　表格布局

互联网最初兴起时，网页的内容和形式相对简单，因此当时几乎所有的网页都采用表格进行布局。表格布局容易掌握，但表格布局需要等整个表格下载完毕后才能显示所有内容。尽管开发人员通过将表格分为头部、主体部分和页脚 3 部分逐批下载，试图解决网页下载速度问题，虽然下载速度比之前有进步，但还是没有从根本上解决下载速度问题。除此之外，采用表格布局的网站后期的修改和维护又存在很大的困难，灵活性很差。

由于 CSS+DIV 布局灵活性和网页访问速度远远优于表格布局，因此，对于大型网站和符合 Web2.0 技术规范网站，强烈推荐采用 CSS+DIV 布局。

对于表格布局的内容，我们不做详细介绍，后面将通过"后台管理界面"的项目做简单应用。

6.3.7　使用 CSS 设置表格样式

虽然表格布局逐步被 CSS+DIV 布局替代，但是作为重要的网页元素，表格在显示数据时依然是最好的呈现方式，一些简单的页面或者局部页面依旧可以采用表格布局。为了提高表格在页面中的显示效果，下面就使用 CSS 设置表格样式进行讲解。图 6-17 所示是一个完整表格的网页效果。

学生信息表				
学号	姓名	性别	出生日期	个人爱好
35029001	李晓敏	女	1998-3-8	羽毛球
35029001	张立志	男	1998-3-8	足球
35029001	陈丽	女	1998-3-8	绘画

图 6-17　完整表格效果

图 6-17 所示的表格在创建时未使用任何 CSS 样式进行设置。此表格的创建，可以通过设计视图，也可以在代码视图下实现，将其文件保存为 "table.html"，表格创建的代码如下。

```
<!DOCTYPE html PUBLIC "-//W3C//DTD XHTML 1.0 Transitional//EN"
"http://www.w3.org/TR/xhtml1/DTD/xhtml1-transitional.dtd">
<html xmlns="http://www.w3.org/1999/xhtml">
<head>
<meta http-equiv="Content-Type" content="text/html; charset=utf-8" />
<title>完整表格</title>
</head>
<body>
<table align="center">
  <caption>学生信息表</caption>
  <tr>
    <th>学号</th>
    <th>姓名</th>
    <th>性别</th>
    <th>出生日期</th>
    <th>个人爱好</th>
  </tr>
  <tr>
    <td>35029001</td>
    <td>李晓敏</td>
    <td>女</td>
    <td>1998-3-8</td>
    <td>羽毛球</td>
  </tr>
  <tr>
    <td>35029001</td>
    <td>张立志</td>
    <td>男</td>
    <td>1998-3-8</td>
```

```
    <td>足球</td>
  </tr>
  <tr>
    <td>35029001</td>
    <td>陈丽</td>
    <td>女</td>
    <td>1998-3-8</td>
    <td>绘画</td>
  </tr>
</table>
</body>
</html>
```

1. 使用 CSS 设置表格颜色

CSS 通过 color 属性设置表格中文字的颜色,通过 background 属性修饰表格的背景色。以图 6-17 所示为基础,通过 CSS 样式设置表格的文字颜色和背景色。实现步骤如下。

(1)创建外部样式表

选择【文件】/【新建】命令,弹出"新建文件"对话框,选择"空白页",并选择页面类型为"CSS",单击"确定"按钮,如图 6-18 所示,将其保存为"table.css"。

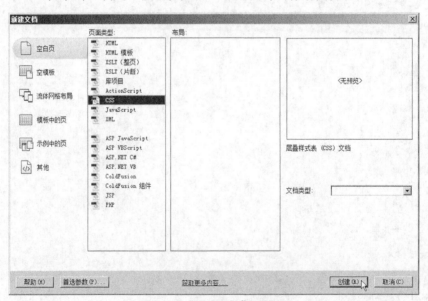

图 6-18 "新建文档"对话框

(2)实现样式文件与 HTML 文件的关联

打开"table.html"文件,在设计视图下,选择【窗口】/【CSS 样式】命令,打开"CSS 样式"浮动面板,如图 6-19 所示,单击"附加样式表"按钮,弹出"链接外部样式表"对话框,如图 6-20 所示,选择"链接式"或"导入式"。通过单击"浏览"按钮,找到创建好的"table.css"文件,单击"确定"按钮,实现 HTML 网页文件与样式表文件的关联。

图 6-19 "CSS 样式"浮动面板   图 6-20 "链接外部样式表"对话框

代码视图下使用链接式关联样式表的代码如下：

```
<link href="table.css" rel="stylesheet" type="text/css" />
```

（3）向样式表中添加 CSS 样式

① 添加页面背景样式。

打开"table.css"文件，在"CSS 样式"浮动面板上，如图 6-21 所示，单击"新建 CSS 规则"按钮，弹出"新建 CSS 规则"对话框，如图 6-22 所示，从"选择器类型"中选择"标签（重新定义 HTML 元素）"，从"选择器名称"中选择"body"，单击"确定"按钮。

图 6-21 "CSS 样式"浮动面板   图 6-22 "新建 CSS 规则"对话框

在弹出的"body 的 CSS 规则定义"对话框中，在"分类"中选择"背景"，设置页面的背景色为灰色（#CCC），如图 6-23 所示，单击"确定"按钮。

② 添加表格的文字、背景和边框样式。

在图 6-21 所示的"CSS 样式"浮动面板上，单击"新建 CSS 规则"按钮，弹出"新建 CSS 规则"对话框，如图 6-24 所示，从"选择器类型"中选择"标签（重新定义 HTML 元素）"，从"选择器名称"中选择"table"，单击"确定"按钮。

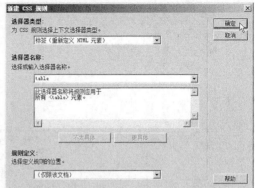

图 6-23 "body 的 CSS 规则定义"对话框   图 6-24 "新建 CSS 规则"对话框

在弹出的"table 的 CSS 规则定义"对话框中，在"分类"中选择"类型"选项卡，如图 6-25 所示，设置表格中文字的颜色为白色（#FFF），选择"背景"选项卡，如图 6-26 所示，设置表格的背景色为浅蓝色（#39F），选择"方框"选项卡，如图 6-27 所示，设置表格的宽度为 600 像素，单击"确定"按钮，完成表格文字颜色和背景色的样式设置。

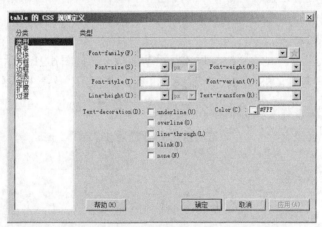

图 6-25 "table 的 CSS 规则定义"的"类型"设置

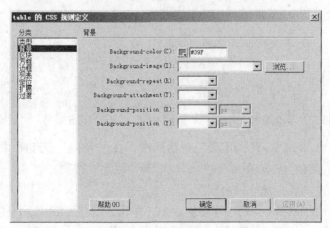

图 6-26 "table 的 CSS 规则定义"的"背景"设置

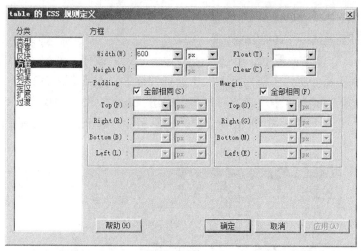

图 6-27 "table 的 CSS 规则定义"的"方框"设置

以上通过在 CSS 规则定义对话框中进行操作，在代码视图下生成的代码如下：

```
body {
    background-color: #ccc;
}


table{
    width:600px;        /*设置表格的宽度*/
    color:#FFF;         /*设置表格的文字颜色*/
    background:#39F;    /*设置表格的背景色*/
}
```

（4）查看页面在浏览器中的效果

查看添加样式后的页面在浏览器中的效果，如图 6-28 所示。

学生信息表				
学号	姓名	性别	出生日期	个人爱好
35029001	李晓敏	女	1998-3-8	羽毛球
35029001	张立志	男	1998-3-8	足球
35029001	陈丽	女	1998-3-8	绘画

图 6-28 表格添加颜色样式后的页面效果

2. 使用 CSS 设置表格边框

CSS 通过 border 属性设置表格的边框样式。在设置完表格颜色后，继续通过 CSS 样式设置表格的边框样式。由于表格由单元格组成，而本案例中的单元格由标题单元格（th）和普通单元格（td）组成，设置单元格的边框即可完成整个表格中所有边框的设置，具体实现步骤如下：

（1）向样式表中添加 CSS 样式

① 设置表格标题单元格的边框样式。

在"CSS 样式"浮动面板上，单击"新建 CSS 规则"按钮，弹出"新建 CSS 规则"对话框，如图 6-29 所示。从"选择器类型"中选择"标签（重新定义 HTML 元素）"，从"选择器名称"中选择"th"，单击"确定"按钮，弹出"th 的 CSS 规则定义"对话框，从"分类"中选择"边框"，如图 6-30 所示。设置标题单元格的边框为 1 像素的白色实线，单击"确定"按钮。

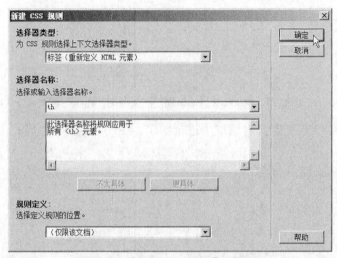

图 6-29 "新建 CSS 规则"对话框

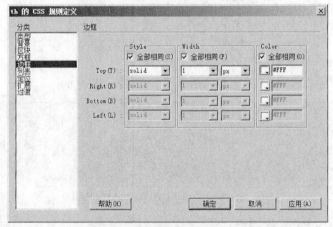

图 6-30 "th 的 CSS 规则定义"的"方框"设置

② 设置表格普通单元格的边框样式。

在"CSS 样式"浮动面板上，单击"新建 CSS 规则"按钮，弹出"新建 CSS 规则"对话框，如图 6-31 所示，在"选择器类型"中选择"标签（重新定义 HTML 元素）"，在"选择器名称"中选择"td"，单击"确定"按钮，弹出"td 的 CSS 规则定义"对话框，如图 6-32 所示，在"分类"中选择"边框"，设置标题单元格的边框为 1 像素的白色实线，单击"确定"按钮。

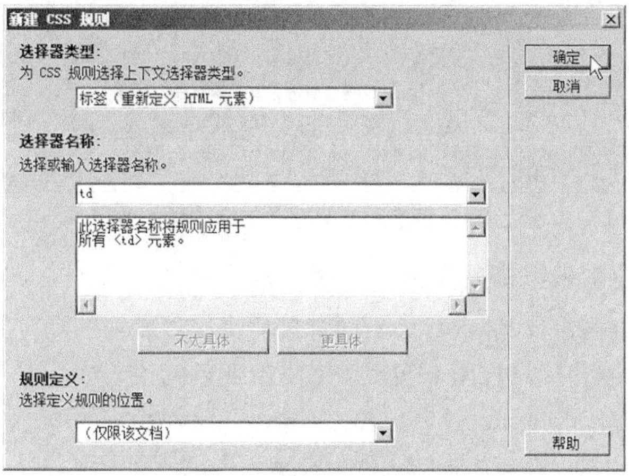

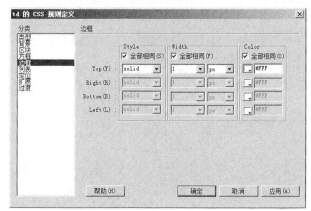

图 6-31　"新建 CSS 规则"对话框

图 6-32　"td 的 CSS 规则定义"的"方框"设置

以上手动操作在代码视图下生成的代码如下：

```
th
{
 border: 1px solid #FFF;
}
td
{
 border: 1px solid #FFF;
}
```

将以上代码进行整合如下：

```
th,td            /*th 标签和 td 标签同时设置相同样式*/
{
 border: 1px solid #FFF;
}
```

（2）查看页面在浏览器中的效果

查看添加样式后的页面在浏览器中的效果，如图 6-33 所示。

学生信息表				
学号	姓名	性别	出生日期	个人爱好
35029001	李晓敏	女	1998-3-8	羽毛球
35029001	张立志	男	1998-3-8	足球
35029001	陈丽	女	1998-3-8	绘画

图 6-33　表格添加边框样式后的页面效果

3. 使用 CSS 设置表格样式案例——表格隔行变色效果

通过设置表格的奇数行和偶数行为不同背景色来实现表格的隔行变色，在此省略设计视图下的手动操作步骤，代码视图下实现表格隔行变色的代码如下：

```
<!DOCTYPE html PUBLIC "-//W3C//DTD XHTML 1.0 Transitional//EN"
"http://www.w3.org/TR/xhtml1/DTD/xhtml1-transitional.dtd">
<html xmlns="http://www.w3.org/1999/xhtml">
<head>
<meta http-equiv="Content-Type" content="text/html; charset=utf-8" />
<title>班级信息一览表</title>
<style>
<!--
body{
 margin-top:10px;
 padding:0px;
 }
.tableStyle{
 border:1px solid #0058a3;    /* 表格边框*/
 font-family:Arial;
 border-collapse:collapse;    /* 边框重叠*/
 background-color:#eaf5ff;    /* 表格背景色*/
 font-size:14px;
 }
.tableStyle caption{                    /* 表格标题样式*/
 padding-bottom:5px;
 font:bold 1.4em;
 text-align:center;
 font-size:25px;
 }
.tableStyle th{
 border:1px solid #0058a3;    /* 行名称边框*/
 background-color:#4bacff;    /* 行名称背景色*/
 color:#FFFFFF;               /* 行名称颜色*/
 font-weight:bold;
```

```
    padding-top:4px;
    padding-bottom:4px;
    padding-left:12px;
    padding-right:12px;
    text-align:center;
}
.tableStyle td{
    border:1px solid #0058a3;  /* 单元格边框*/
    text-align:left;
    padding-top:4px; padding-bottom:4px;
    padding-left:10px; padding-right:10px;
}
.tableStyle tr.altrow{
    background-color:#c7e5ff;  /* 隔行变色*/
}
-->
</style>
</head>
<body>
<table class="tableStyle" summary="班级信息表">
 <caption>
 表格隔行变色
 </caption>
 <tr>
     <th scope="col">学号</th>
     <th scope="col">姓名</th>
     <th scope="col">性别</th>
     <th scope="col">出生日期</th>
     <th scope="col">爱好</th>
 </tr>
 <tr>                     <!-- 奇数行 -->
     <td>001</td>
     <td>王丽玲</td>
     <td>女</td>
     <td>1987-2-3</td>
     <td>音乐</td>
 </tr>
 <tr class="altrow">          <!-- 偶数行 -->
     <td>002</td>
```

```
            <td>张晓萌</td>
            <td>女</td>
            <td>1988-7-16</td>
            <td>武术</td>
        </tr>
        <tr>                        <!-- 奇数行 -->
            <td>003</td>
            <td>李山</td>
            <td>男</td>
            <td>1990-12-20</td>
            <td>足球</td>
        </tr>
        <tr class="altrow">         <!-- 偶数行 -->
            <td>004</td>
            <td>顾小月</td>
            <td>女</td>
            <td>1989-10-23</td>
            <td>诗歌</td>
        </tr>
        <tr>                        <!-- 奇数行 -->
            <td>005</td>
            <td>陈锋</td>
            <td>男</td>
            <td>1988-6-14</td>
            <td>古诗词</td>
        </tr>
        <tr class="altrow">         <!-- 偶数行 -->
            <td>006</td>
            <td>姜凯</td>
            <td>男</td>
            <td>1987-2-15</td>
            <td>排球</td>
        </tr>
        <tr>                        <!-- 奇数行 -->
            <td>007</td>
            <td>宋华</td>
            <td>男</td>
            <td>1991-4-3</td>
            <td>乒乓球</td>
```

```
</tr>
<tr class="altrow">        <!-- 偶数行 -->
    <td>008</td>
    <td>吴丽丽</td>
    <td>女</td>
    <td>1992-12-23</td>
    <td>羽毛球</td>
</tr>
<tr>                        <!-- 奇数行 -->
    <td>009</td>
    <td>张兴凯</td>
    <td>男</td>
    <td>1991-9-11</td>
    <td>篮球</td>
</tr>
<tr class="altrow">        <!-- 偶数行 -->
    <td>010</td>
    <td>黄乐乐</td>
    <td>女</td>
    <td>1989-6-19</td>
    <td>游泳</td>
</tr>
</table>
</body>

</html>
```

查看页面在浏览器中的显示效果，如图 6-34 所示。

班级信息一览表

学号	姓名	性别	出生日期	爱好
001	王丽玲	女	1987-2-3	音乐
002	张晓萌	女	1988-7-16	武术
003	李山	男	1990-12-20	足球
004	顾小月	女	1989-10-23	诗歌
005	陈锋	男	1988-6-14	古诗词
006	姜凯	男	1987-2-15	排球
007	宋华	男	1991-4-3	乒乓球
008	吴丽丽	女	1992-12-23	羽毛球
009	张兴凯	男	1991-9-11	篮球
010	黄乐乐	女	1989-6-19	游泳

图 6-34　表格的隔行变色效果

6.3.8　表单的概念及功能

1．表单的概念

表单是网页的基本元素之一，在网页中主要负责采集用户输入到网页中的数据。

2．表单的功能

表单的功能是收集用户信息，并将这些信息发送给后台服务器，从而实现网页与用户之间的交互。一个表单由 3 个基本组成部分，如图 6-35 所示。

- 表单标签：是一些说明性的文字，提示用户进行填写或选择。
- 表单域：相当于一个容器，包含表单标签、文本框、密码框、隐藏域、多行文本框、复选框、单选框、下拉选择框和文件上传框等。
- 表单控件：包含单行文本域、多行文本域、密码输入框、复选框、文件域、图像域、提交按钮和重置按钮等。

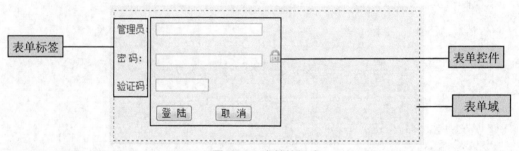

图 6-35　表单的组成

3．创建表单

表单中的数据要传给后台服务器，首先必须定义表单域，有了表单域，才可以添加各种表单项，从而接收用户的数据输入。在设计视图下，单击菜单命令【插入】/【表单】/【表单】，即可完成表单的插入操作。在代码视图下，创建表单的语法格式如下：

```
<form name="表单名称" method="提交方式" action="url 地址">
    各种表单控件
</form>
```

表单插入后，用红色轮廓指示表单，选中表单，在"属性"面板中设置表单的各个属性，如图 6-36 所示。

图 6-36　表单的"属性"面板

- 表单 ID：用来识别表单的唯一标识。
- 动作：在文本框中指定接收并处理该表单数据的服务器程序的 url 地址。
- 目标：下拉列表指定一个窗口，目标值如下：
  - _blank：在新窗口中打开目标文档。
  - _parent：在显示当前文档窗口的父窗口中打开目标文档。

- _self：在提交表单所使用的窗口中打开目标文档。
- _top：在当前窗口的窗体内打开目标文档。
- 方法：用来设置表单数据的提交方式。其取值为 get 或 post。get 是从服务器接收数据，post 是向服务器发送数据。

6.3.9 表单控件

使用表单的核心是使用表单控件。HTML 提供了一系列的表单控件，如文本框、密码框、单行文本域、多行文本域、下拉列表、复选框等。下面将对表单控件进行详细描述，其常用表单控件的说明如下。

- 文本域：最基本的表单控件之一。文本域可以接受任何值，其取值为单行文本框、多行文本框或密码域。密码域的显示为"*"。
- 复选框：用于显示多个选项，用户可以选择一个或多个选项。
- 单选按钮：用于同组中的多个选项中选择一个选项。
- 单选按钮组：当需要同时添加多个单选按钮时，可以通过单选按钮组一次添加多个按钮。
- 隐藏域：用来收集或发送信息的不可见元素，对于网页的访问者来说，隐藏域是看不见的。当表单被提交时，隐藏域就会将信息用你设置时定义的名称和值发送到服务器上。
- 跳转菜单：其外观与普通的菜单相同，当选择跳转菜单的菜单项时，可以跳转到站点内或站点外的链接的 url 地址。
- 按钮：包含普通按钮、提交按钮和重置按钮 3 种。
- 图像域：可以通过图像域制作各具特色的按钮图像代替默认的按钮。
- 文件域：可以通过"浏览..."按钮，指定文件路径，并将文件提交给服务器。

下面以学生兴趣调查表为例，加深对于表单和表单控件的认知。

结合表格布局制作如图 6-37 所示的调查表表单。

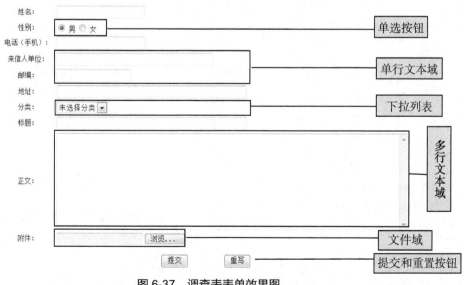

图 6-37 调查表表单效果图

图 6-37 所示表单效果图所对应代码如下：

```html
<form>
 <table>
  <tr>
      <td height="32" align="left">       
  欢迎您向我中心提出意见和反映问题。</td>
     </tr>
     <tr>
     <td   height="487"   valign="top"><form   action=""   method="post"
enctype="multipart/form-data" name="form1" id="form1">
        <table width="99%" height="388" border="0" cellspacing="4">
         <tr>
           <td width="18%" class="a2">姓名：</td>
           <td width="82%" align="left"><label>
             <input name="textfield" type="text" id="textfield" size="20"
maxlength="30" />
             </label></td>
         </tr>
         <tr>
           <td class="a2">性别：</td>
           <td align="left"><label>
             <input  name="radio"  type="radio"  id="radio"  value="radio"
checked="checked" />
             男
             <input type="radio" name="radio2" id="radio2" value="radio2" />
             女</label></td>
         </tr>
         <tr>
           <td class="a2">电话（手机）：</td>
           <td align="left"><label>
             <input  name="textfield2"  type="text"  id="textfield2"  size="20"
maxlength="25" />
             </label></td>
         </tr>
         <tr>
           <td class="a2">来信人单位：</td>
           <td align="left"><label>
             <input  name="textfield3"  type="text"  id="textfield3"  size="40"
maxlength="50" />
```

```
        </label></td>
      </tr>
      <tr>
        <td class="a2">邮编：</td>
        <td align="left"><label>
          <input name="textfield4" type="text" id="textfield4" size="16"
maxlength="16" />
        </label></td>
      </tr>
      <tr>
        <td class="a2">地址：</td>
        <td align="left"><label>
          <input name="textfield5" type="text" id="textfield5" size="50"
maxlength="50" />
        </label></td>
      </tr>
      <tr>
        <td class="a2">分类：</td>
        <td align="left"><label>
          <select name="select" id="select">
            <option>未选择分类</option>
            <option>教育卫生</option>
            <option>劳动保障</option>
            <option>交通安全</option>
            <option>房产管理</option>
            <option>公共事业</option>
            <option>消防安全</option>
          </select>
        </label></td>
      </tr>
      <tr>
        <td class="a2">标题：</td>
        <td align="left"><label>
          <input name="textfield6" type="text" id="textfield6" size="50"
maxlength="60" />
        </label></td>
      </tr>
      <tr>
        <td class="a2">正文：</td>
```

```
        <td align="left"><textarea name="textarea" id="textarea" cols=
"75" rows="10"></textarea></td>
          </tr>
          <tr>
            <td class="a2">附件: </td>
            <td align="left"><label>
              <input type="file" name="fileField" id="fileField" />
            </label></td>
          </tr>
          <tr>
            <td height="43" colspan="2" class="a2"> <label>
              <input type="submit" name="button" id="button" value="提交" />
                    
        
              <input type="reset" name="button2" id="button2" value="重写" />
            </label></td>
          </tr>
        </table>
      </form>
```

6.3.10   使用 CSS 设置表单样式

表单是网页中与用户交互时重要的网页元素，使用表单不仅要达到用户功能需求，还要考虑表单控件的美观和舒适度。应用 CSS 样式可以设置表单控件的文字样式、边框样式、背景样式和边距等。图 6-38 所示是一个简单的登录页面的网页效果。

图 6-38   完整表格效果

图 6-38 是一个简单的登录页面，创建时未使用任何 CSS 样式进行修饰。此表单页面的创建，可以通过设计视图，也可以在代码视图下实现。新建网页文件，将文件保存为 "login.html"，表单页面创建的代码如下：

```
<html xmlns="http://www.w3.org/1999/xhtml">
<head>
<meta http-equiv="Content-Type" content="text/html; charset=utf-8" />
<title>简单的登录页面</title>
</head>
```

```
<body>
<form>
    <table>
     <tr>
      <td>用户名: </td>
      <td><input type="text" /></td>
     </tr>
     <tr>
      <td>密    码: </td>
      <td><input type="text" /></td>
     </tr>
     <tr>
      <td colspan="2" align="center"><input type="button" value="登录" /></td>
     </tr>
    </table>
</form>
</body>
</html>
```

1. 使用 CSS 设置表单的样式

CSS 通过 width（宽）、height（高）、background（背景色）、border（边框）等属性设置表单的样式。以图 6-38 所示为基础，通过 CSS 样式设置表单的样式，本案例通过编写代码的方式实现，具体操作步骤如下：

① 新建 login.css 文件。

② 实现 login.css 文件和 login.html 文件的关联。

③ 打开 login.css 文件，写入以下代码。

```
body{
 font-size:13px;
 }
form{
 width:220px;
 height:75px;
 border:1px dashed #0099FF;
 padding:10px;
}
```

④ 查看页面在浏览器中的效果。

查看表单添加样式后页面在浏览器中的效果，如图 6-39 所示。

用户名：

密　码：

登录

图 6-39　为表单添加样式后的页面效果图

2. 使用 CSS 设置表单控件的样式

CSS 也可以通过 width（宽）、height（高）、background（背景色）、border（边框）等属性设置表单控件的样式。在图 6-39 的基础之上，继续添加样式，具体操作步骤如下：

① 在 login.css 文件，继续写入以下代码：

```css
.userLogin input{
width:150px;
height:15px;
background:#CFF;
border:1px solid #06F;
}
```

② 在 login.html 文件中调用步骤①中定义的文本框的样式，代码如下：

```html
<form>
    <table>
     <tr>
      <td>用户名: </td>
      <td class="userLogin"><input type="text"/></td>
     </tr>
     <tr>
      <td>密    码: </td>
      <td class="userLogin"><input type="text" /></td>
     </tr>
     <tr>
      <td colspan="2" align="center"><input type="button" value="登录"/></td>
     </tr>
    </table>
</form>
```

③ 查看页面在浏览器中的效果。

查看表单控件添加样式后的页面在浏览器中的效果，如图 6-40 所示。

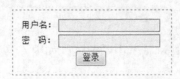

用户名：

密　码：

登录

图 6-40　为表单控件添加样式后的页面效果图

6.4　任务1实施

6.4.1　创建系部网站后台管理登录页面表单域

【任务背景】

某学院计算机技术系网站前台已经设计完成，需要完成管理员所使用的后台登录页面，以保证只有合法的管理员才能进入后台对网站进行操作和管理。

【任务要求】

通过插入表单域，为表格布局和表单控件的添加做好准备。

【任务分析】

用户想要通过表单控件将信息提交给服务器，首先必须创建表单域，再将表单控件放入表单域中，因此使用表单的前提是创建表单域。

【任务详解】

在"jsjxWeb"站点下，新建一个网页文件，命名为"login.html"，选择【插入】/【表单】/【表单】命令，完成表单域的插入。其对应的 HTML 代码如下：

```
<form id="form1" name="form1" method="post" action="">
</form>
```

6.4.2　利用表格布局系部网站后台管理登录页面

【任务背景】

表单域插入完成之后，需要向表单域中插入所需的表单控件，我们通过表格布局完成表单控件的位置的设置。

【任务要求】

插入的表格便于表单控件布局。

【任务分析】

后台登录页面一般由网站管理员访问，因此页面功能比页面美观更为重要。登录页面涉及的表单控件比较少，因此我们采用简单有效的表格布局来完成后台登录页面的布局。登录页面的效果图如图 6-41 所示，通过效果图分析，创建一个 5 行 2 列的表格来实现后台登录页面的布局。

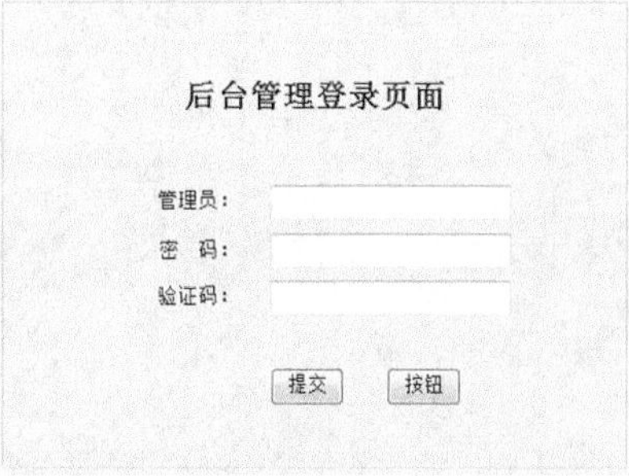

图 6-41　后台登录页面效果图

【任务详解】

打开站点下的 login.html 文件，将光标放入表单域中，选择【插入】/【表格】，在弹出的"表格"对话框中进行表格选项的设置，如图 6-42 所示，设置完成后单击"确定"按钮，完成表格的插入。

图 6-42 表格选项设置

其对应的代码如下：

```html
<form id="form1" name="form1" method="post" action="">
 <table width="330" border="0" cellspacing="0" cellpadding="0">
  <tr>
   <td> </td>
   <td> </td>
  </tr>
  <tr>
   <td> </td>
   <td> </td>
  </tr>
  <tr>
   <td> </td>
   <td> </td>
  </tr>
  <tr>
   <td> </td>
   <td> </td>
  </tr>
  <tr>
   <td> </td>
   <td> </td>
```

```
        </tr>
    </table>
</form>
```

6.4.3 在系部网站后台管理登录页面插入表单控件

【任务背景】

表单域插入完成之后，通过表格进行了页面布局，接下来是将表单控件放入表单域中。

【任务要求】

按"图 6-41 所示的后台登录页面效果图"进行登录界面设计，将表单控件插入已创建好的表单域的表格单元格中。

【任务分析】

管理员的后台登录页面需要进行身份验证，因此，我们需要将文本框、密码框和按钮等表单控件创建到表单域中，以便在表单提交时实现对管理员的身份验证。

【任务详解】

（1）打开站点下的 login.html 文件，按照"图 6-41 所示的后台登录页面效果图"，将插入的 5 行 2 列的表格的第一行进行合并，在合并的单元格内输入"后台管理登录页面"字样内容。

（2）在表格的第 2 行单元的第 1 列中，输入"管理员："字样内容。在第 2 行第 2 列中，选择【插入】/【表单】/【文本域】，单击"取消"按钮，"文本框"的"类型"选择"单行"，完成单行文本框的插入。

（3）在表格的第 3 行单元的第 1 列中，输入"密码："字样内容。在第 3 行第 2 列中，选择【插入】/【表单】/【文本域】，单击"取消"按钮，"文本框"的"类型"选择"密码"，完成密码框的插入。

（4）在表格的第 4 行单元的第 1 列中，输入"验证码："字样内容。在第 4 行第 2 列中，选择【插入】/【表单】/【文本域】，单击"取消"按钮，"文本框"的"类型"选择"单行"，完成单行文本框的插入。

（5）在表格的第 4 行单元的第 2 列中，选择【插入】/【表单】/【按钮】，属性面板中的"值"将"提交"修改为"登录"。在其后选择【插入】/【表单】/【按钮】，属性面板中的"动作"选项修改为"无"，并将"值"由"按钮"修改为"取消"。

（6）完成表单控件的样式设置，这里不再赘述，请参照下面的代码实现样式修饰表单的操作。

上述在设计视图下的手动操作步骤（1）~（6），也可以在代码视图下完成，其相应的 HTML 代码实现的方法如下。

（7）在 login.html 的<body>和</body>之间加入以下代码：

```
<form id="form1" name="form1" method="post" action="">
    <table cellspacing="0" cellpadding="0" align="center">
        <tr>
```

```
     <td colspan="2" id="title">后台管理登录页面</td>
   </tr>
   <tr>
     <td class="right">管理员: </td>
     <td>
       <input type="text" name="textfield" id="textfield" />
     </td>
   </tr>
   <tr>
     <td class="right">密    码: </td>
     <td><input type="text" name="textfield2" id="textfield2" /></td>
   </tr>
   <tr>
     <td class="right">验证码: </td>
     <td><input type="text" name="textfield3" id="textfield3" /></td>
   </tr>
   <tr>
     <td> </td>
     <td style="height:80px;"><input type="submit" name="button" id="button"
value="提交" />        
     <input type="button" name="button2" id="button2" value="按钮" /></td>
   </tr>
 </table>
</form>
```

（8）在站点下创建 loginStyle.css，并关联到 login.html 网页文件。打开 loginStyle.css
文件，加入以下代码：

```
body{
 margin:0;
 padding:0;
 text-align:center;
 background:#eceff4;
}
table{
 width:400px;
 border:1px #ccc solid;
 font-size:13px;
 padding:10px;
 text-align:left;
 margin-top:100px;
```

```
}
tr{
 height:30px;
}
td{
 width:350px;
 }
td.right{
 text-align:right;
 padding-right:20px;
 padding-left:0px;
 width:30px;
}
#title{
 font-size:20px;
 font-weight:bold;
 text-align:center;
 height:100px;
 }
```

6.5　任务 2 描述：制作系部网站后台管理主界面

管理员通过后台登录页面登录成功后，进入后台管理主界面，管理员可以方便地通过后台管理主界面进行网站前台内容的管理，实现各种信息的增删改查操作，从而实现网站的管理和更新。

6.6　任务 2 分析

后台主界面为管理员提供操作管理网站的平台，页面设计的主要目标是简单实用。因此考虑采用框架和表格相结合的方式完成网站后台主界面的制作。

6.7　任务 2 准备

6.7.1　框架和框架集的概念

1．框架的概念

框架把浏览器窗口划分为若干个区域，每个区域对应一个独立的网页文件，多个网页同时显示在一个浏览器中。框架由框架集和单个框架构成。

2．框架集的概念

框架集是框架的集合。框架集将浏览器横向或纵向分割成多个框架，并且定义了框架的个数、名称、尺寸及框架对应的网页的 URL 等。

一个通过框架集生成的页面如果分成了 3 个框架，加上框架集，将对应 4 个网页文档。框架集定义框架结构的 HTML 页面，框架是框架集的单个区域，如图 6-43 和图 6-44 所示。

图 6-43　后台管理主界面效果图

图 6-44　后台管理主界面框架结构

6.7.2　操作框架和框架集

1. 打开"框架"面板

选择"窗口"/"框架"命令，打开"框架"面板，我们可以通过"框架"面板方便地实现各个框架的选择，并显示不同框架的名称，如图 6-45 所示。

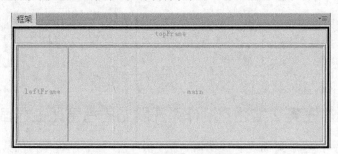

图 6-45　"框架"浮动面板

2. 创建框架和框架集

方法一：插入预定义框架集。

选择【插入】/【HTML】/【框架】命令，打开"框架"面板，在弹出的子菜单中选择需要的框架结构，如选择"上方及左侧嵌套"，如图 6-46 所示。效果如和图 6-47 所示。

图 6-46　预定义框架结构

图 6-47　"上方及左侧嵌套"框架集

方法二：创建框架集。

选择【查看】/【可视化助理】/【框架边框】命令，创建页面边框。再拖动框架边框，根据页面布局需要，创建水平方向或垂直方向的框架。拖动边框创建框架的效果如图6-48所示。

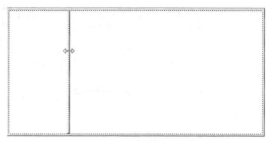

图6-48　拖动边框创建框架

如果框架不再需要，可以通过拖拽到父框架边框的方式删除框架。

3. 选择框架和框架集

要想设置框架或框架集的属性，首先需要选择框架或框架集，具体操作如下：

（1）选择框架

方法一：按住键盘上的"Alt"键，单击想要选择的框架，则选定框架。

方法二：在"框架"面板中，单击框架的外围，则可以选择框架。

（2）选择框架集

方法一：在设计视图下，单击框架集中任意两个框架的边界，则可选定框架集。

方法二：在"框架"面板中，单击框架集的外围，则可选定框架集。

4. 设置框架和框架集属性

（1）设置框架属性

选择框架后，选择【窗口】/【属性】命令，打开"框架"属性面板，设置框架的相关属性，如图6-49所示。

图6-49　框架属性面板

- 框架名称：可以设置框架名称，用于设置链接显示的框架。
- 源文件：用来设定当前框架显示的网页文档。
- 滚动：设置是否允许在框架中使用滚动条。通过框架技术布局页面时，通常不需要设置滚动，除非为了显示当前框架中的过多内容。
- 边界宽度：确定框架左边框和右边框的距离，设置值以像素为单位。
- 边界高度：确定框架上边框和下边框的距离，设置值以像素为单位。
- 边框：设置是否显示框架之间的边框。
- 边框颜色：设置所有边框的颜色。

（2）设置框架集属性

选择框架集后，选择【窗口】/【属性】命令，打开"框架集"属性面板，设置框架的相关属性，如图 6-50 所示。

图 6-50　框架集属性面板

- 边框：设置是否显示边框。
- 边框宽度：设置框架集中所有边框的宽度。
- 边框颜色：设置边框的颜色。
- 行列选定范围：单击左侧或顶部的标签，选择行或列。
- 值：设定所选择行或列的宽度。
- 单位：选择行或列设置值的单位。
  - 像素：以像素为单位设置选定行或列的大小。
  - 百分比：设置所选定行或列相对于框架的百分比。

5．设置框架中的链接

使用框架布局页面中，导航中会经常设置超链接，而超链接的目标窗口的设置会直接影响框架的显示效果，如图 6-51 所示，选择左侧的"基本管理"，设置超链接目标文件，并选择目标文件的目标显示位置，其值描述如下：

图 6-51　链接目标属性

- _blank：在新窗口中打开链接的目标文件。
- _parent：在当前框架的父框架中打开链接的目标文件。
- _self：在当前框架或自身窗口中打开链接的目标文件。
- _top：在新窗口中打开链接的目标文件。
- _blank：在当前窗口中打开链接的目标文件，并清除所有框架。
- mainFrame、leftFrame、topFrame：创建框架时所指定的框架名称，如目标设置为指定的框架名称，则在指定框架中打开链接的目标文件。

6．保存框架或框架集页面

首先选择框架或框架集，再进行保存，具体操作方法如下。

（1）保存框架集

方法一：选择【文件】/【保存框架页】命令，则可保存框架集。

方法二：选择【文件】/【框架集另存为】命令，则可保存框架集。

（2）保存框架

方法一：选择【文件】/【保存框架】命令，则可保存框架。

方法二：选择【文件】/【框架另存为】命令，则可保存框架。

6.8　任务 2 实施

6.8.1　设计实现系部网站后台管理主界面整体布局

【任务背景】

某学院计算机技术系网站后台登录界面已经设计完成，需要完成后台登录主界面的设计和制作，本任务采用框架技术完成页面的布局。

【任务要求】

通过设定框架集的属性，完成页面的框架集的设计。

【任务分析】

从后台管理主界面的实用性和简易性考虑，可采用"预定义框架集"中的"上方及左侧嵌套"来完成框架集的设计。

【任务详解】

（1）在"jsjxWeb"站点下，新建文件夹，命名为"backManage"。

（2）在 backManage 文件夹内新建一网页文件，选择【插入】/【HTML】/【框架】命令，选择"上方及左侧嵌套"预定义框架样式，点击"确定"按钮，完成框架集页面的设计。选择【文件】/【保存框架页】命令，将框架集页面保存为"manage.html"。调整各框架所占区域，以便于显示顶部框架、左侧框架和右侧框架。

（3）在顶部框架内单击鼠标，选择【文件】/【保存框架】命令，将当前框架保存为"top.html"文件，存储到 backManage 文件夹中。

（4）在左侧框架内单击鼠标，选择【文件】/【保存框架】命令，将当前框架保存为"left.html"文件，存储到 backManage 文件夹中。

（5）在右侧框架内单击鼠标，选择【文件】/【保存框架】命令，将当前框架保存为"right.html"文件，存储到 backManage 文件夹中。

6.8.2　实现系部网站后台管理主界面各框架页面的制作

【任务背景】

框架集制作完成后，需要设计完成各框架页面的内容。

【任务要求】

通过表格布局各个框架页。尽管主流的布局采用 CSS+DIV 技术实现，但是表格组织和显示数据比较方便，拟通过此项目强化表格的应用。

【任务分析】

由于后台管理主界面不直接面对普通用户，而是管理员使用的系统，因此设计过程中以简单实用为原则，而不过分追求页面的特效和样式，设计效果图如图 6-43 所示。

（1）顶部框架拟通过在 Photoshop 中处理一张图片，显示整体页面的用途。

（2）左侧框架是主界面的主体部分，它包含了后台管理主界面的所有功能。而"折叠菜单"也是最常用的形式之一。由于折叠菜单实现过程中包含了 JS 和 jQuery 的技术内容，因此建议通过修改现有的网页特效实例来实现。本教材在项目 4 进行了详细讲解，大家可以参照实现。

（3）右侧框架主要是左侧"折叠菜单"各导航项链接内容的显示。因此，列举几个最常用的功能，方便管理员使用。

【任务详解】

（1）打开 backManage 文件夹中的 top.html 文件，将处理好的"banner.png"文件放入页面中，或者通过在代码视图下加入代码实现。

在<body>和</body>之间加入以下代码：

```
<div id="topDiv">
  <img src="images/top.png" />
</div>
```

在站点根目录下，建立 manage.css 文件，并将其分别关联到 top.html 和 right.html 文件。打开 manage.css 文件，加入以下代码：

```
body{
  margin:0px;
  padding:0px;
  }
#topDiv{
  width:100%;
  height:118px;
  border-bottom:1px #ccc solid;
  }
```

（2）打开本教材提供的素材"accordionPageEffects"，将其放到 backmanage 文件夹中，将"accordionPageEffects"文件夹内的"index.html"文件重命名为"left.html"，删除 backManage 文件夹中的框架页面"left.html"。

（3）在 Dreamweaver 的"文件面板"中，将 accordionPageEffects 文件夹内的"left.html"文件拖拽到 backManage 目录下，当提示"更新文件"时选择"更新"按钮，如图 6-52 所示。

（4）对左侧特效文件进行修改。大家可根据特效具体情况进行修改。"left.html"文件去掉多余的广告内容，修改后的代码如下：

图 6-52 "更新文件"提示框

```
<html>
<head>
<meta charset="utf-8">
<title>jquery网站后台管理系统导航</title>
<script type="text/javascript" src="accordionPageEffects/js/jquery.js">
</script>
<script type="text/javascript">
$(document).ready(function(){
    $(".div2").click(function(){
        $(this).next("div").slideToggle("slow")
        .siblings(".div3:visible").slideUp("slow");
    });
 });
</script>
<style>
body{ margin:0;font-family:微软雅黑;}
.left{ width:200px; height:100%; border-right:1px solid #CCCCCC ;#FFFFFF;
color:#000000; font-size:14px; text-align:center;}
.div1{text-align:center; width:200px; padding-top:10px;}
.div2{height:40px;  line-height:40px;cursor:  pointer;  font-size:13px;
position:relative;border-bottom:#ccc 1px dotted;}
.jbsz {position: absolute; height: 20px; width: 20px; left: 40px; top: 10px;
background:url(accordionPageEffects/images/1.png);}
.xwzx {position: absolute; height: 20px; width: 20px; left: 40px; top: 10px;
background:url(accordionPageEffects/images/2.png);}
.zxcp {position: absolute; height: 20px; width: 20px; left: 40px; top: 10px;
background:url(accordionPageEffects/images/4.png);}
.lmtj {position: absolute; height: 20px; width: 20px; left: 40px; top: 10px;
background:url(accordionPageEffects/images/8.png);}
.div3{display: none;cursor:pointer; font-size:13px;}
.div3 ul{margin:0;padding:0;}
.div3 li{ height:30px; line-height:30px; list-style:none; border-bottom:
#ccc 1px dotted; text-align:center;}
</style>
</head>
<body>
<div class="left">
<div class="div1">
<div class="left_top"><img src="accordionPageEffects/images/bbb_01. jpg"> <img
```

```
src="accordionPageEffects/images/bbb_02. jpg" id="2"><img src= "accordionPageEffects/
images/bbb_03.jpg"><img src= "accordionPageEffects/ images/bbb_04.jpg"> </div>
    <div class="div2"><div class="jbsz"> </div>基本管理</div>
        <div class="div3">
         <ul>
         <li> 网站配置</li>
         <li> 管理设置</li>
         <li> 导航菜单</li>
         </ul>
    </div>
      <div class="div2"><div class="xwzx"> </div>新闻中心</div>
        <div class="div3">
        <ul>
         <li>管理新闻</li>
         <li>新闻分类</li>
         <li>添加新闻</li>
        </ul>
    </div>
      <div class="div2"><div class="zxcp"> </div>最新动态</div>
        <div class="div3">
        <ul>
         <li>动态管理</li>
         <li> 动态分类</li>
          <li> 添加动态</li>
         </ul>
    </div>
    <div class="div2"><div class="lmtj"> </div> 栏目添加</div>
        <div class="div3">
         <ul>
          <li> 文章系统</li>
          <li> 图片系统</li>
          <li> 添加表单</li>
          <li> 招聘系统</li>
          </ul>
       </div>
   </div>
   </div>
```

```
</body>
</html>
```

（5）打开 backmanage 文件夹中的 right.html 文件，在页面中插入一个 1 行 4 列的表格，将处理好的图片分别放入 4 个单元格中，设置单元格的内容为水平居中和垂直居中，如图所示 6-53 所示。

工作安排　　　　系统通知　　　　权限管理　　　　待办工作

图 6-53　右侧框架页布局效果图

或者通过在代码视图下在<body>和</body>之间加入以下代码：

```
<table align="left" cellpadding="0" cellspacing="0">
  <tr>
    <td align="center" valign="middle"><img src="images/right1.png" /></td>
    <td align="center" valign="middle"><img src="images/right2.png"/></td>
    <td align="center" valign="middle"><img src="images/right3.png"/></td>
    <td align="center" valign="middle"><img src="images/right4.png"/></td>
  </tr>
  <tr>
    <td align="center" valign="middle">工作安排</td>
    <td align="center" valign="middle">系统通知</td>
    <td align="center" valign="middle">权限管理</td>
    <td align="center" valign="middle">待办工作</td>
  </tr>
</table>
```

在 manage.css 中加入以下代码：

```
table{
 width:600px;
 height:193px;
 font-size:14px;
 color:#4f5150;
 border:0px;
 }
table img{
```

```
width:120px;
height:120px;
}
```

6.9　任务拓展

6.9.1　网站后台设计注意事项

- 模块划分清晰：将各项管理功能划分到不同的模块，各模块间区分明显，不出现交叉项。
- 管理权限清晰：考虑运营过程中各种管理角色，将管理权限按模块划分清晰。
- 相关功能靠拢：一些操作步骤需要用到多个功能组合，将这些功能尽量靠拢甚至建立关联关系。
- 操作日志的记录：后台操作往往是不可逆的，这就需要规范操作流程、记录操作日志。
- 界面简化：后台操作是提供给管理员使用的，在界面上就越简单越好，对主要的操作点放大处理，既能快速操作又不易出错，同时要让界面清爽，在色调等元素的搭配上让人感觉清新，让长时间使用后台的管理人员不易疲劳。

6.9.2　网页表单设计注意事项

网页表单在网页设计中必不可少。各种主流网站都会使用表单完成如注册页面、调查表等交互功能。因此表单页面设计是否合理将影响用户的使用，在设计过程中要注意以下问题。

- 表单设计风格尽可能地符合绝大多数用户的使用习惯和喜好。
- 表单项设计选择时，能让用户选择的，尽量不要让用户输入，因为用户输入的内容越多，产生错误的概率就越大。
- 表单项添加完成后，要注意进行所接受内容的输入验证，如身份证号输入是否合理、电子邮箱的格式是否正确、IP 地址是否正确等，这些功能要通过 JavaScript 的知识来实现。对于复杂的特效，初学者可以考虑修改现有的 JavaScript 或 jQuery 特效实例的方式来应用。

6.10　项目小结

本章以"建立系部网站后台管理界面"的任务为驱动，完成了后台网站登录界面和后台管理主界面的制作，通过这两个项目强化了表格、表单和框架技术的使用。

6.11　项目练习

一、选择题

（1）合并表格的行的属性是（　　）。

A．colspan

B．row

C．cloumn

D．rowspan

（2）如果要将图片"bg.jpg"设置为表格的背景图，则代码正确的是（　　　）。

A．<table style="background:url(bg.jpg)">

B．<table background="bg.jpg">

C．table{background:url(bg.jpg)};

D．<table background:"bg.jpg">

（3）在网页中创建表单的标签是（　　　）。

A．<form>

B．<body>

C．<input>

D．<forms>

（4）HTML 代码<input type="button" value="查询" />的作用是（　　　）。

A．创建了一个实现了查询功能的按钮

B．创建了一个普通按钮，按钮的值为"查询"

C．创建了一个重置按钮

D．重建了一个上传按钮

（5）下面哪一个语句不能创建一个按钮（　　　）。

A．type="button"

B．type="image"

C．type="submit"

D．type="reset"

（6）哪个元素可以设置框架集（　　　）。

A．frame

B．noframe

C．iframe

D．frameset

（7）当用户单击超链接时，目标文件在一个新窗口中打开，则超链接的目标属性设置
为（　　　）。

A．_self

B．_parent

C．_top

D．_blank

二、操作题

（1）制作一个细线表格。

（2）完成系部网站后台管理登录页面和主界面的制作。

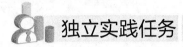

独立实践任务

【任务描述】

制作三木企业后台管理界面。

【任务背景】

在前面的任务中，我们已经完成了三木企业前台主界面及二级界面的制作。为了方便管理员对三木企业网站进行维护和管理，需要完成以下两个任务。

（1）任务1：建立三木企业后台登录界面，其效果图如图6-54所示。

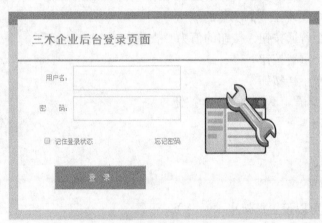

图6-54　三木企业后台登录界面

（2）任务2：建立三木企业后台管理主界面，其效果图如图6-55所示。

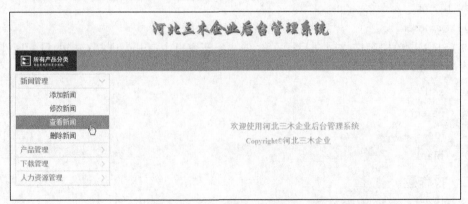

图6-55　三木企业后台管理主界面

【任务要求】

（1）制作三木企业后台登录界面。

（2）后台登录页面采用表格布局实现。

（3）制作三木企业后台管理主界面。

（4）后台管理主界面采用框架技术实现。

（5）主界面左侧框架页可以通过修改 JS 或 jQuery 特效完成。

【任务分析】

_____

_____

_____

_____

_____

_____

_____

_____

_____

_____

_____

_____

_____

_____

_____

_____

【主要制作步骤】

_____

_____

_____

_____

_____

_____

_____

_____

_____

_____

_____

_____

_____

项目 ⑦ 网站测试与发布

在网站制作完成之后，不能急于投入使用，必须要经过严格的测试。测试内容包含本地测试和网络测试等多个环节。测试完成后，网站开发人员要进行网站空间的申请，为网站的发布做好准备。

通过学习本项目，应达到以下学习目标。

知识目标

（1）理解域名的概念和作用。
（2）理解网站空间概念和作用。
（3）掌握网站的常用测试方法。

技能目标

（1）能实现网站的测试。
（2）能实现域名和网站空间的申请。
（3）能实现网站的发布。

7.1　任务描述：测试和发布计算机系部网站

网站建设完成之后，为了保证网站的顺利运行，对网站进行测试是十分必要的。此外还要进行域名和免费空间的申请，为网站的发布做好准备，最终实现对网站的发布。

7.2　任务分析

网站测试发布关乎网站能否正常投入使用。网站的测试方法、域名和免费空间的申请、网站的发布步骤是本项目单元要解决的3部分内容。

7.3　任务准备

7.3.1　域名的概念

域名（Domain Name），是Internet上由一串用点分隔的名字组成的某一台计算机或计算机组的名称，用于在数据传输时标识计算机的电子方位（有时也指地理位置，地理上的域名，指代有行政自主权的一个地方区域）。然而IP地址不便于记忆，便出现了域名，域名可以对应IP地址且域名和IP地址是唯一的。域名是便于记忆和沟通的一组服务器的地址（网站、电子邮件或 FTP 等）。

7.3.2　网站空间的概念

网站空间是指存放网站内容的空间。存放内容包括文件和资料，包括文字、文档、数据库、网站页面、图片等。

7.4　任务实施

7.4.1　测试系部网站

【任务背景】

某学院计算机技术系部网站已经搭建完成，投入运行前必须经过网站的测试，以确保网站的正常使用。

【任务要求】

对网站实施测试工作，主要包括本地测试和网络测试，由于网络测试发生在网站上传之后，因此本任务重点放到本地测试上。

【任务分析】

在网站建设完成之后，通过本地测试和网络测试完成对网站的测试工作。本地测试包括两个方面，一是主流浏览器的测试，二是不同分辨率环境下的测试，三是首页及二级页面的各种功能和链接的测试。

- 完成目前主流浏览器的测试工作，目前主流的浏览器为 Internet Explore、Mozilla Firefox 和 Google Chrome，因此测试需要完成 3 种主流浏览器的主流版本的测试。
- 完成不同分辨率环境下的测试。主要包括 800 像素 × 600 像素、1024 像素 × 768 像素、1280 像素 × 1024 像素及 1366 像素 × 768 像素分辨率环境下的测试。
- 完成首页及二级页面的各种功能和链接测试。

【任务详解】

（1）在电脑桌面任意空白位置右键单击选择"属性"，单击"设置"选项，对"屏幕分辨率"设置为 1366×768 的分辨率，调整之后单击"确定"按钮，分辨率设置完成。

（2）启动 Dreamweaver CS6，选择计算机系站点"jsjxWeb"，选择【窗口】/【文件】命令，弹出"文件"浮动面板，从文件面板打开网站首页 index.htm 文件。

（3）在常用工具栏上选择【在浏览器中浏览/调试】/【预览在 iexplore】，查看页面在浏览器中的显示效果，如图 7-1 所示。

（4）重复步骤（2）、（3），完成 Mozilla Firefox 和 Google Chrome 的浏览器的测试。

（5）重复步骤（1）～（4），完成 600 像素 × 800 像素、1024 像素 × 768 像素及 1280 像素 × 1024 像素分辨率下不同浏览器的测试。

（6）测试首页及二级页面的各种功能和链接是否正确。

图 7-1　Internet Explore 浏览器测试效果

7.4.2　发布系部网站

【任务背景】

站点测试完成后，下一个任务就是要进行域名的申请和网站空间的申请，并建立域名和网站空间的映射关系，为网站上传做好准备。最后进行网站的发布，将网站上传到申请好的网站空间，通过域名来访问网站。

【任务要求】

能够进行域名和网站空间的申请，并能够完成网站发布。

【任务分析】

域名是一个网站的入口，也是网站对外的宣传口号，可以简单理解为家庭住址或门牌号，通过申请域名为要发布的网站准备一个独一无二的网络地址。

网站空间是存放网站内容的空间，可以简单理解为自己家的房间大小。通过申请网站空间为网站上传做好准备。

我们通过网站上传软件实施网站的发布和上传，将网站的内容存放到网站空间，实现网站在因特网上的运行。

本任务实施，选择在免费空间申请网站"free.3v.do"中完成域名及网站空间的申请及网站发布。

【任务详解】

（1）申请域名和网站空间

打开浏览器，在地址栏输入网址"http://free.3v.do/"，打开"free.3v.do"网站首页，如图 7-2 所示，单击"免费注册"，打开免费注册页面。

图 7-2 "free.3v.do"网站首页

在"免费注册"页面中，完成"会员注册"基本信息的填写，如图 7-3 所示。

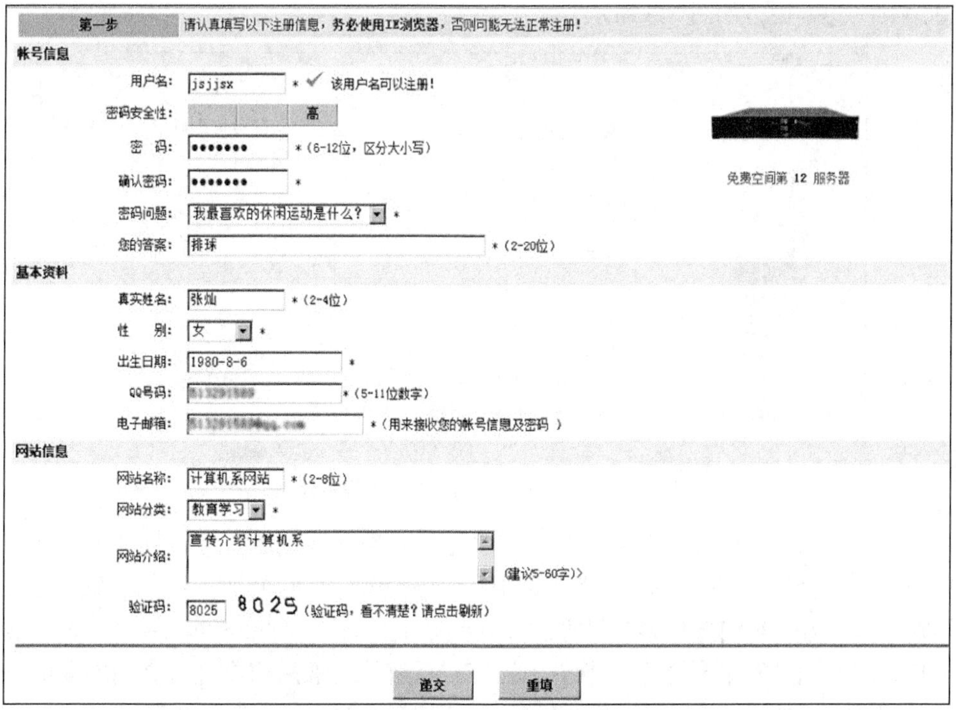

图 7-3 "free.3v.do"网站免费注册页面

单击"递交"按钮，提交成功后，将显示该会员管理中心，并显示账户申请基本信息，如图 7-4 所示，完成域名申请，且该网站自动分配 100MB 的"网站空间"。

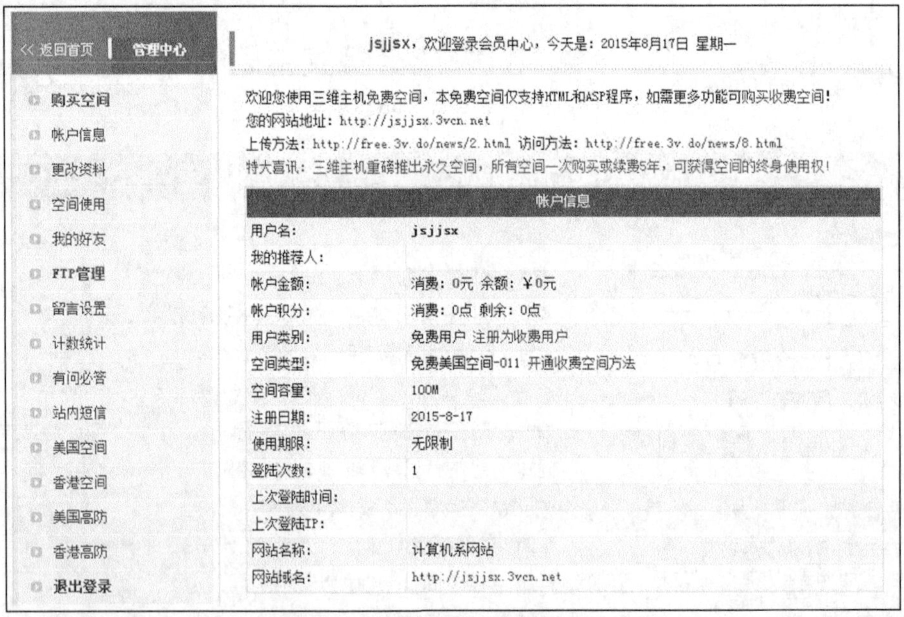

图 7-4 "free.3v.do"会员管理中心

（2）发布网站

打开浏览器，在地址栏输入申请好的网站域名"http://jsjjsx.3vcn.net/"，打开免费空间上传方法对应的链接，如图 7-5 所示。

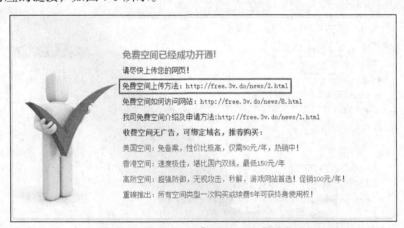

图 7-5 "free.3v.do"网站上传方法介绍

免费空间上传方法链接页面中，帮助信息提供两种网站上传方法，一种方法是利用"FTP 管理"实现网站上传。另外一种是利用"8ufpt 软件"实现网站上传，这也是网站上传的两种常用方法，我们选择第二种方法实施网站上传，打开"http://www. duote. com/ soft/27925. html"网址进行软件下载。软件下载完成后解压，然后双击文件夹内的 8uftp.exe，打开上传对话框，如图 7-6 所示，填写地址（即申请的域名）。用户名和密码，单击"连接"按钮进行连接服务器的测试，测试成功会显示"连接成功"，从左侧"本地"浏览选择要上传的网站所对应的文件夹，右键单击选择"上传"，实现网站的上传操作，上传完成后会提示"上传成功"。

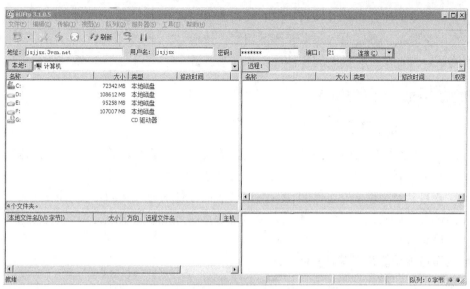

图 7-6 连接服务器测试

打开浏览器,在地址栏输入申请好的网站域名"http://jsjjsx.3vcn.net/",便可以浏览上传好的网站,效果如图 7-7 所示。

图 7-7 计算机系网站最终效果

至此，网站已经发布完成，为了保证网站能够健康平稳地运行，我们对发布后的网站继续进行网络测试，测试内容与本地测试相同，包括主流浏览器测试、主流浏览器的常用分辨率测试、首页及二级页面的各种功能和链接测试。

7.5　任务拓展

7.5.1　网站测试注意事项

网站测试是网站发布前的关键步骤，直接关系到网站是否能正常使用。网站测试大致包含以下主要事项：

- 检查目录及文件的命名，目录最好以代表此文件内容含义的英文单词命名。
- 测试页面启动是否正常，测试人员可以故意制造一些错误来检测页面是否有错误提示信息等。
- 页面每项功能是否符合实际要求。
- 菜单、按钮操作是否正常、灵活，是否能处理一些异常操作。
- 能否接受正确的数据输入，能否对异常数据的输入有提示、容错处理等（重点测试）。
- 数据的输出结果是否准确，格式是否清晰，是否符合使用者阅读习惯。
- 功能逻辑是否符合使用者习惯。
- 系统的各种数据状态是否能按照正常的业务流程而变化并保持稳定。
- 是否支持各种应用的浏览器环境。
- 与外部应用的接口是否有效，如电子邮件及一些客户端 APP。
- 数据恢复测试，测试当客户数据错误时，是否能够实现数据恢复保证用户的数据安全。

7.5.2　网站推广

网站建设完成后，下一个关键环节就是网站推广。一个网站再好，如果没有访问量，网站建设就失去了最初的价值。

网站推广就是以国际互联网为基础，利用信息和网络媒体的交互性来辅助营销目标实现的一种新型的市场营销方式。当前传播常见的推广方式，主要是在各大网站推广服务商中通过买广告之类的方式来实现，免费网站推广包括 SEO 优化网站内容或构架提升网站在搜索引擎的排名，在论坛、微博、博客、微信、QQ 空间等平台发布信息，在其他热门平台发布网站外部链接等。常用的网站推广方法如下。

- 搜索引擎推广法。搜索引擎推广是指利用搜索引擎、分类目录等具有在线检索信息功能的网络工具进行网站推广的方法，把网站的首页放到搜索登录口提交，具体的搜索引擎登录口可以参考《各大搜索引擎网站登录入口》。
- 搜索引擎优化（SEO）法，SEO 是 Search Engine Optimization 缩写。从网站建设开始到内容填补等各个方面，都应充分考虑网站的优化。网页布局时采用 CSS+DIV 方式，尽量少地使用表格布局；一般动态网站搜索引擎收录会更快，但是很费空间的资源，而静态网站则相反。采用这一方法对网站制作者的 SEO 技术要求很高，但 SEO 应该是目前最有效的方法。
- 电子邮件推广法。以电子邮件为主要的网站推广手段，常用的方法包括电子刊物、会员通信、专业服务商的电子邮件广告等。这种 Email 营销与普通的垃圾邮件不同，是给予用户许可的推销手段。比如可以减少广告对用户的滋扰、增加潜在客户定位的准确度、增强与客户的关系、提高品牌忠诚度等。

- 资源合作推广法。通过网站交换链接、交换广告、内容合作、用户资源合作等方式，在具有类似目标网站之间实现互相推广的目的，其中最常用的资源合作方式为网站链接策略，利用合作伙伴之间网站访问量资源合作互为推广。

- 信息发布推广法。将有关的网站推广信息发布在其他潜在用户可能访问的网站上，利用用户在这些网站获取信息的机会实现网站推广的目的，适用于这些信息发布的网站包括在线黄页、分类广告、论坛、博客网站、供求信息平台、行业网站等。信息发布是免费网站推广的常用方法之一。

- 快捷网址推广法。选择便于推广的域名和网址及其他类似的关键词网站快捷访问方式来实现网站推广的方法。

- 网络广告推广法。网络广告是常用的网络营销策略之一，在网络品牌、产品促销、网站推广等方面均有明显作用。网络广告的常见形式包括：Banner 广告、关键词广告、分类广告、赞助式广告、Email 广告等。将网络广告用户网站推广，具有可选择网络媒体范围广、形式多样、适用性强、投放及时等优点，适合于网站发布初期及运营期的任何阶段。

网站推广是个系统工程，而不仅仅是各种网站推广方法的简单应用，而通常是多种方式的综合解决方案。此外，在网站推广总体策略指导下，我们还要针对要推广网站的特征，选用个性化的推广方案，为网站的推广做出有价值的工作。

7.6 项目小结

本项目以"发布计算机系部网站"任务为驱动，完成了网站的测试、网站域名的申请、网站空间的申请及网站的发布，是网站正常运行的必要保障。

7.7 项目练习

一、选择题

（1）网站测试不包括（　　　）。

A．主流浏览器测试

B．常用分辨率测试

C．各种超链接测试

D．各种图片是否符合用户的满意

（2）网站发布包括几个重要环节（　　　）。

A．申请域名

B．申请网站空间

C．实现域名与网站空间的映射

D．发布网站

（3）目前主流浏览器包括哪些（　　　　）。

A. IE

B. Chrome

C. 火狐

D. Opera

二、操作题

完成计算机系部网站的测试和发布。

 独立实践任务

【任务描述】

测试与发布三木企业网站。

【任务背景】

在前面任务中，我们已经完成了三木企业网站的设计和实现，如图 7-8 所示，现需要将网站发布到网络上。为了确保网站能稳健运行，本任务主要完成三木企业网站的测试和发布。

图 7-8　三木企业网站主界面效果图

【任务要求】

（1）完成本地网站主流浏览器的测试。

（2）完成本地网站不同分辨率的测试。

（3）完成本地网站导航和链接的测试。

（4）在免费空间"free.3v.do"中申请域名。

（5）在免费空间"free.3v.do"中申请网站空间。

（6）在免费空间"free.3v.do"中发布网站。

（7）测试发布后的三木企业网站，包括主流浏览器、主流分辨率、导航及链接的测试。

【任务分析】

_____

_____

_____

_____

_____

_____

_____

【主要制作步骤】

_____

_____

_____

_____

_____

_____

_____

_____

_____

_____

_____

_____

_____

_____

_____

_____

_____

_____

项目 ⑧ 综合项目实战

8.1 实战项目：制作电子商务网站

近几年，我国电子商务发展迅猛，互联网正以其蓬勃的发展速度席卷全球，它的虚拟商业行为改变着我们的生活方式，我国的商业模式也正在向网络化发展，电子商务正是顺应了这种发展的必然产物。本项目主要完成一个 B2C 电子商务网站的前台设计及制作。B2C 是英文 Business-to-Customer（商家对顾客）的缩写，简称"商对客"。

8.1.1 项目分析

一个网站制作的成功与否与建站前的网站策划有着极为重要的关系，在建立网站前应明确建设网站的目的，确定网站制作的功能，确定网站规模，必要的市场分析等。只有详细的网站制作策划，才能避免在网站建设中出现很多问题，保证网站建设顺利进行。

本项目在已经完成了制作网站前的市场分析、确定了网站建设的目的及功能定位、网站内容版块及网站效果图的基础上进行网站的设计及制作。

8.1.2 页面布局设计

1. 网站层次分析

建立网站的时候，首先要对网站进行分层设计，分析出网站的页面组成。

本项目网站层次分析示意图如图 8-1 所示。

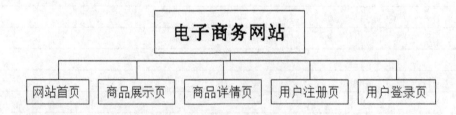

图 8-1 电子商务网站层次分析

2. 网站各页面效果图设计

如图 8-2 ~ 图 8-6 所示为此电子商务网站的页面效果图设计。

图 8-2 电子商务网站首页效果图设计

图 8-3 电子商务网站商品展示页效果图设计

网页设计与制作项目化实战教程

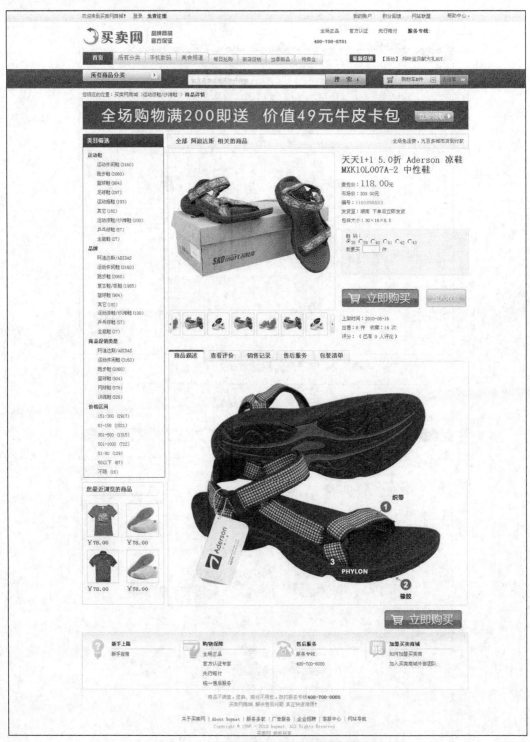

图 8-4　电子商务网站商品详情页效果图设计

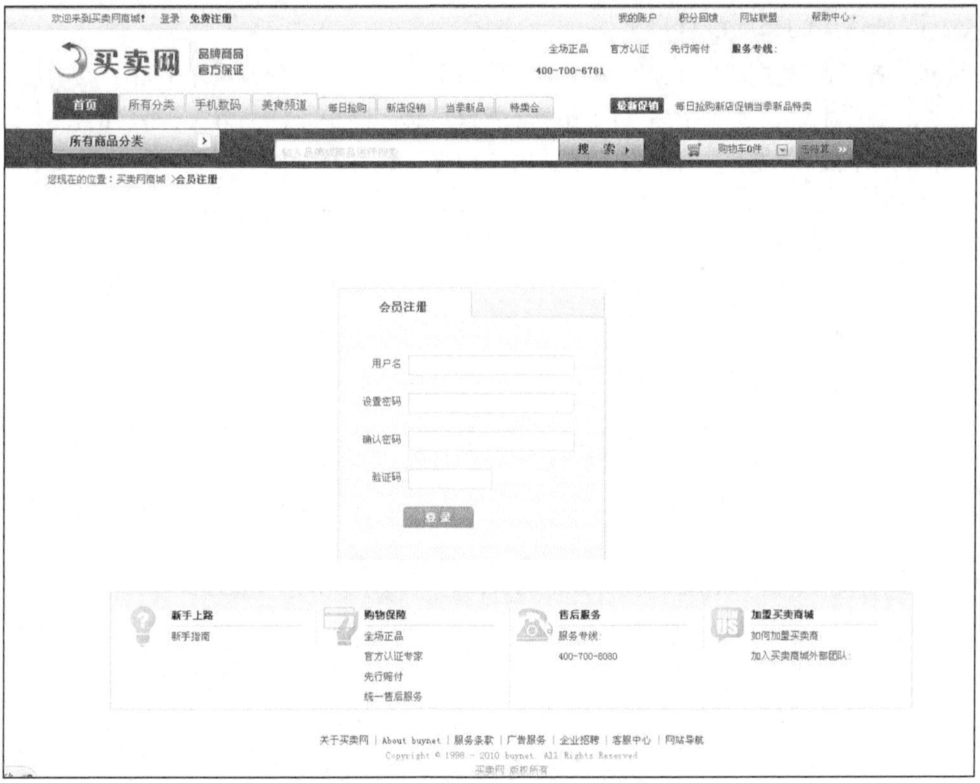

图 8-5　电子商务网站会员注册页面效果图设计

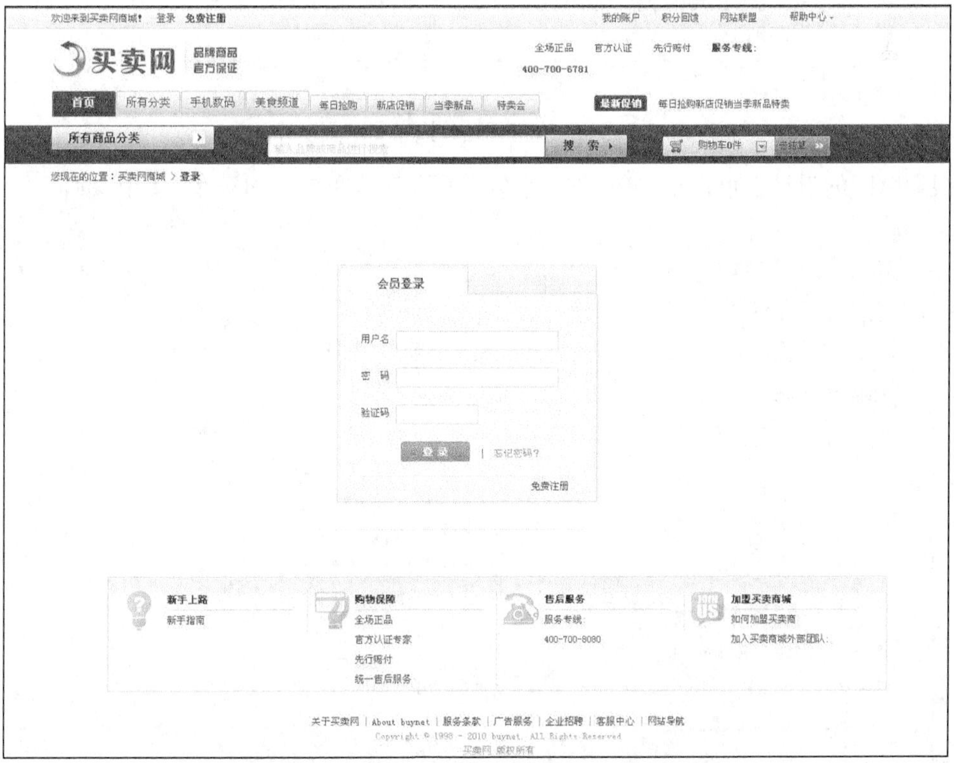

图 8-6　电子商务网站会员登录页面效果图设计

3．网站各页面布局设计

从网站各页面效果图来看，网站首页自顶向下分为 6 个部分，网站头部、站内搜索、商品分类、畅销商品、新手指南、网站底部版权信息。其中，商品分类部分分为左、中、右 3 栏，畅销商品分为左、右两栏。根据这个构思，设计一个如图 8-7 所示的页面草图。

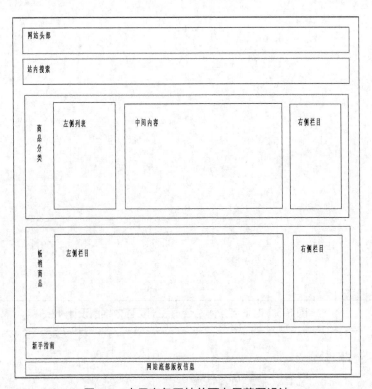

图 8-7　电子商务网站首页布局草图设计

根据草图的设计，可运用 DIV 进行整个页面框架的布局。DIV 布局代码如下：

```
<body>
<!--头部-->
<div id="header">
</div>
<!--站内搜索-->
<div id="tSearch">
</div>
<!--商品主体分类-->
<div id="container">
    <div class="container_left"><!--商品左侧列表-->
    </div>
    <div class="container_mid"><!--商品中间内容-->
    </div>
    <div class="container_right"><!--商品右侧栏目-->
```

```
            </div>
    </div>
    <!--畅销商品-->
    <div id="contnt_2">
            <div class="contnt_left_3"><!--左侧栏目-->
            </div>
            <div class="mod" id="popular"><!--右侧栏目-->
            </div>
    </div>
    <!--新手指南-->
    <div class="bottom">
    </div>
    <!--网站底部版权信息-->
    <div id="link">
    </div>
</body>
```

其中，我们对每个"盒子"拟调用的 ID 选择器进行了命名，在后面建立 CSS 规则的时候，按照上面 ID 选择器的名称进行设置。

从页面效果图分析，商品展示页和商品详情页采用的布局形式和首页大体一致，只是在网站主体部分划分为左、右两栏。页面草图如图 8-8 所示。

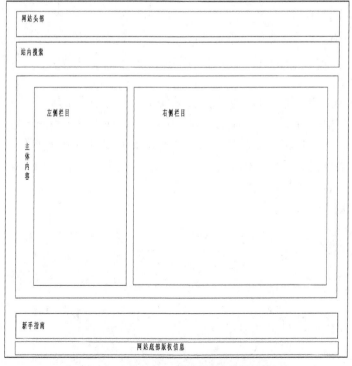

图 8-8　电子商务网站其他页面布局草图设计

根据草图的设计，可运用 DIV 进行整个页面框架的布局。DIV 布局代码如下：

```
<body>
<!--头部-->
<div id="header">
</div>
<!--站内搜索-->
<div id="tSearch">
</div>
<!--商品主体分类-->
<div class="column">
    <div class="column_sidebar"><!--左侧栏目-->
    </div>
    <div class="column_min"><!--右侧栏目-->
    </div>
</div>
<!--新手指南-->
<div class="bottom">
</div>
<!--网站底部版权信息-->
<div id="link">
</div>
</body>
```

由于主页布局包含了其他页面布局的设计，为了保持网站页面设计的统一性，我们需要建立一个统一的样式表规则文件，这样各个页面就可以直接调用这个样式表文件，从而减少代码的冗余。

在建立 CSS 样式规则的时候，我们主要考虑每个"盒子"的大小（width 和 height）、填充（padding）、边距（margin）、浮动方式（float 和 clear）等属性的设置。其他 DIV 区块的设计过程中，填充、边距的设置要根据设计的要求和效果不断进行调整。

需要特别注意的是，页面主体层中，左右区块的宽度+左右填充+左右边距的值应和网页主体的宽度一致，以保证页面内容宽度的统一。

主页框架布局参考代码如下：

```
#header
{ width:980px; height:132px; margin:0 auto;}


#tSearch
{ height:47px; background:url(../images/top_03.jpg) repeat-x;}


#container
{ height:345px; width:980px; margin:0 auto;}
```

```
.container_left
    {height:342px; width:189px; background:#F7F2E3 url(../images/ subnav_
header1.png) repeat-x bottom; border:3px solid #c20a00; border-top:none;
float:left; position:relative; padding: 0 0 0 10px;}


    .container_mid
    { margin:14px 0 0 12px; float:left; width:547px; height:330px;}


    .container_right
    { width:203px; height:330x; float:right; margin:14px 0 0 0;}


    #contnt_2
    { width:980px; height:436px; margin:14px auto 0 auto;}


    .contnt_left_3
    { width:757px; height:434px; float:left; margin-right:11px; border:1px
solid #ccc;}


    .mod
    { width:201px; border:1px solid #CCC;float:right; height:434px;}


    .bottom
    { width:965px; height:123px; margin:10px auto 0 auto; padding:15px 0 0 15px;
border:1px solid #ccc; background:url(../images/guild_bg_03.gif) repeat-x;}


    #link
    {width:980px; margin:10px auto 0 auto; color:#8d8d8d; font-size:12px;
text-align:center; line-height:18px;}
```

　　从网站风格统一的角度以及为了简化网页制作，我们考虑将多处使用的样式格式存在一个外部样式表文件中，后面页面设计可直接调用此文件，避免在网页制作中重复书写造成代码的大量冗余。

8.1.3　网站制作流程

1．本地站点建立

　　为了更好地利用站点对文件进行管理，尽量减少文件路径和链接的错误，在制作网站时，我们先制定一个本地站点。

2. 网站首页制作

（1）导入外部 CSS 规则

新建一个空白 HTML 文档，把该页面命名为 "index.html"，并导入外部样式表文件 "global.css"，此文件定义网站多个页面所公用的 CSS 样式设定，多个页面直接调用。

```
@charset "utf-8";
/*样式*/
Body
{ font-size:12px; color:#444;}
div,dl,dt,dd,ul,li,h1,h2,h3,h4,h5,h6,p,input,td{padding:0; margin:0;}
ul,li{list-style:none;}
img{ vertical-align:top;border:0;}


a{ color:#004E91; text-decoration:none;}
a:hover{ color:#bc0a00;}


.clear{ clear:both;}


#land_c
{height:500px; padding:100px 0 0 300px;}


.lan_c_tit
{height:36px; width:350px; background:url(../images/box_bg.png) no-repeat 0px 0px;}
.lan_c_tit h3
{width:160px; font-size:14px; text-align:center; padding-top:15px;}
.lan_c_con
{height:220px; width:350px; background:url(../images/box_bg.png) repeat-y -600px 0px;}
.lan_c_con_a
{height:260px; width:350px; background:url(../images/box_bg.png) repeat-y -600px 0px;}
.lan_c_con_a .field
{height:30px; padding:15px 0 0 30px;}
.lan_c_con_a .top
{padding-top:45px;}
.lan_c_con_a .field .text
{border:1px solid #ccc; height:22px; margin-left:8px; line-height:22px;
vertical-align:middle; background:#fff; width:200px;}
.lan_c_con_a .field .texta
{border:1px solid #ccc; height:22px; margin-left:8px; line-height:22px;
vertical-align:middle; background:#fff; width:100px;}
```

```
.lan_c_con_a .land_an
{padding:15px 0 0 80px;}
.lan_c_con_a .land_an .an
{height:25px; width:86px; float:left; background:url(../images/stuff.png)
no-repeat 0px -100px; border:0;}
.lan_c_con_a .land_an span
{padding-top:8px; display:block; float:left;}
.lan_c_con_a .land_an span a:link,.lan_c_con_a .land_an span a:visited
{color:#FA7901; text-decoration:none;}
.lan_c_con_a .land_an span a:hover,.lan_c_con_a .land_an span a:active
{color:#FA7901; text-decoration:underline;}
.lan_c_con .field
{height:30px; padding:15px 0 0 30px;}
.lan_c_con .top
{padding-top:45px;}
.lan_c_con .field .text
{border:1px solid #ccc; height:22px; margin-left:8px; line-height:22px;
vertical-align:middle; background:#fff; width:200px;}
.lan_c_con .field .texta
{border:1px solid #ccc; height:22px; margin-left:8px; line-height:22px;
vertical-align:middle; background:#fff; width:100px;}
.lan_c_con .land_an
{padding:15px 0 0 80px;}
.lan_c_con .land_an .an
{height:25px; width:86px; float:left; background:url(../images/stuff.png)
no-repeat 0px -100px; border:0;}
.lan_c_con .land_an span
{padding-top:8px; display:block; float:left;}
.lan_c_con .land_an span a:link,.lan_c_con .land_an span a:visited
{color:#FA7901; text-decoration:none;}
.lan_c_con .land_an span a:hover,.lan_c_con .land_an span a:active
{color:#FA7901; text-decoration:underline;}
.lan_c_down
{height:36px; width:350px; background:url(../images/box_bg.png) no-repeat -950px 0px;}
.lan_c_down p
{text-align:right; margin-left:30px; height:25px; width:260px; padding-top:8px;
background:url(../images/stuff.png) no-repeat 0px -256px;}
#land_d
{padding-top:55px; height:200px;}
```

```
#land_d .link_d
{padding-left:25px; background:url(../images/land_s.png) no-repeat 0px 0px;
line-height:25px; vertical-align:middle; border-bottom:2px solid #FF6713;
height:25px; margin-bottom:20px;}
#land_d a:link,#land_d a:visited
{color:#FA7901; text-decoration:none;}
#land_d a:hover,#land_d a:active
{color:#FA7901; text-decoration:underline;}
#land_d p
{text-align:center; line-height:22px;}
#land_d .link_i a
{padding:0 6px;}
#land_d .link_i
{height:60px;}
```

（2）网站头部设计

网站头部主要用来表达网站的主题。网页头部样式在一个外部样式表"index.css"文件中进行设置。正文部分直接调用即可，网站头部代码如下：

```
<link href="css/index.css" rel="stylesheet" type="text/css" />
<!--头部-->
<div id="header">
  <div class="top_nav">
    <div class="top_nav_1">欢迎来到买卖网商城！ <span> <a href="login.
html">登录</a>  <b><a href="login.html">免费注册</a> </b> </span></div>
    <div class="top_nav_2">
      <a href="#">我的账户</a>
      <a href="#">积分回馈</a>
      <a href="#">网站联盟</a>
      <ul class="list2" onMouseOver="this.className='list1'" onMouseOut =
"this.className='list2'">
        <li><span>帮助中心</span></li>
        <li><a href="#">订单中心</a></li>
        <li><a href="#">返修中心</a></li>
        <li><a href="#">投诉中心</a></li>
      </ul>
    </div>
  </div>
  <div class="logoSide">
    <div class="logo"><img src="images/logo_06.jpg" /></div>
    <div class="logoSide_right">
```

```
    <div class="logo_r">
  <a href="#" class="gray">全场正品</a>
  <a href="#" class="gray">官方认证</a>
  <a href="#" class="gray">先行赔付</a>
  <a href="#" class="gray"> <strong>服务专线:</strong> </a><span> <strong>
400-700-6781</strong></span></div>
      </div>
      </div>
      <div class="site_nav">
        <div class="nav_l">
          <ul>
              <li><samp><a href="index.html">首页</a></samp></li>
                <li><a href="list.html">所有分类</a></li>
                <li><a href="show.html">手机数码</a></li>
                <li><a href="#">美食频道</a><p></li>


          </ul>
        </div>
        <div class="nav_mid">
          <ul>
              <li><a href="#">每日抢购</a></li>
              <li><a href="#">新店促销</a></li>
              <li><a href="#">当季新品</a></li>
              <li><a href="#">特卖会</a></li>
          </ul>
        </div>
        <div class="nav_r">
          <ul>
              <li><a href="#">每日抢购新店促销当季新品特卖</a></li>
              <li><a href="#">【活动】 妈咪宝贝献大礼 HOT</a></li>
              <li><a href="#">[特卖] 休闲淑女装 3 折限时抢购 </a></li>
              <li><a href="#">HI-TEC 户外排汗衬衫</a></li>
          </ul>
        </div>
    </div>
</div>
```

其中，特色导航栏主要实现连接各个页面层次的功能，本例中采用了制作水平列表的
形式完成。

```
    <div class="nav_l">
```

```
    <ul>
        <li><samp><a href="index.html">首页</a></samp></li>
        <li><a href="list.html">所有分类</a></li>
        <li><a href="show.html">手机数码</a></li>
        <li><a href="#">美食频道</a><p></li>
    </ul>
</div>
```

在外部样式规则"index.css"中，已经分别设置"ul"标签规则和"li"标签规则，以及连接超级链接的"a"标签规则，代码如下：

```
.nav_l
{width:325px; height:33px; float:left;}
.nav_l li
{float:left;position:relative; width:80px;
 padding-left:1px;}
.nav_l li samp a
{background:url(../images/tuping.png) no-repeat -1px -63px;
display:block; color:#FFF; font-weight:bold; height:33px;}
.nav_l a
{background:url(../images/tuping.png)
 no-repeat -82px -63px; color:#444;
font-size:14px; width:80px; display:block;
text-align: center; text-decoration:none; line-height:33px;}
.nav_l a:hover
{background:url(../images/tuping.png)
no-repeat -1px -63px; display:block;
color:#FFFFFF; font-weight:bold; text-decoration:none;}
.nav_l p
{ background:url(../images/tuping.png) no-repeat
-16px -34px; width:29px; height:16ox; display:block;
position:absolute; top:-13px; left:20px;}
```

（3）站内搜索设计

```
<div id="tSearch">
<div class="tsearch-panel">
    <div class="tsearch-panel_r">
    <ul>
      <li>
<a href="#" class="tsearch-panel_2">购物车<strong>0</strong>件</a>
<span><a href="#">您的购物车中暂无商品，赶快选择心爱的商品吧！</a></span>
      </li>
```

```
            <li><a href="#">去结算</a></li>
          </ul>
        </div>
        <div class="tsearch-panel_l">
```

搜索框设计代码如下：

```
<input type="text" name="textfield" class="sarch" id="textfield" value="
输入品牌或商品进行搜索" onfocus="if(this.value=='输入品牌或商品进行搜索') {this.
value='';this.style.color='#000'}" onblur="if(this.value==''){this.value='输
入品牌或商品进行搜索';this.style.color='#ccc'}"/>
            <input type="submit" name="button" class="bon" id="button" value = ""/>
        </div>
    </div>
</div>
```

（4）商品分类设计

左侧部分主体商品分类设计，依然采用了常用的列表形式，代码如下：

```
<ul>
      <li><b><a href="#">潮流服饰</a></b> -潮流服饰</li>
      <li><b><a href="#">精品鞋包</a></b> -精品鞋包</li>
      <li><b><a href="#">美容护肤</a></b> -美容护肤</li>
      <li><b><a href="#">珠宝饰品</a></b> -珠宝饰品</li>
      <li><b><a href="#">运动户外</a></b> -运动户外</li>
      <li><b><a href="#">手机数码</a></b> -手机数码</li>
      <li><b><a href="#">居家生活</a></b> -居家生活</li>
      <li><b><a href="#">家电家装</a></b> -家电家装</li>
      <li><b><a href="#">母婴用品</a></b> -母婴用品</li>
      <span><li><b><a href="#">食品保健</a></b> -食品保健</li></span>
  </ul>
```

其样式设定代码如下：

```
.container_left ul{ float:left;}
.container_left ul li{ border-bottom:1px solid #F8E6C5; width:161px;}
.container_left ul li a{ height:32px; line-height:32px; color:#7E0700;}
.container_left li{ height:32px; line-height:32px; color:#D1C4B2; padding -left:10px;}
.container_left span li{ border:none;}
```

主体商品分类中间内容部分完成了一个滚动 Logo 设计，需要结合 JavaScript 代码辅助显示动态效果，代码如下：

```
<!--滚动 logo 开始-->
    <div class="rollBox">
      <div class="LeftBotton" onmousedown="ISL_GoUp()" onmouseup= "ISL_
StopUp()" onmouseout="ISL_StopUp()"></div>
```

```
            <div class="Cont" id="ISL_Cont">
              <div class="ScrCont">
                <ul id="List1">
                  <!-- 图片列表 begin -->
                  <li><a href="#"><img src="images/logo01.png" />乐活堂</a> </li>
                  <li><a href="#"><img src="images/logo02.png" />乐活堂</a></li>
                  <li><a href="#"><img src="images/logo03.png" />乐活堂</a></li>
                  <li><a href="#"><img src="images/logo04.png" />乐活堂</a></li>
                  <li><a href="#"><img src="images/logo05.png" />乐活堂</a></li>
                  <li><a href="#"><img src="images/logo06.png" />乐活堂</a></li>
                  <li><a href="#"><img src="images/logo07.png" />乐活堂</a></li>
                  <li><a href="#"><img src="images/logo08.png" />乐活堂</a></li>
                  <!-- 图片列表 end -->
                </ul>
                <ul id="List2"><!-- 这个必须要，才可以保持循环滚动--></ul>
              </div>
            </div>
            <div class="RightBotton" onmousedown="ISL_GoDown()" onmouseup =
"ISL_StopDown()" onmouseout="ISL_StopDown()"></div>
        </div>
      <script language="javascript" type="text/javascript">
    <!--//--><![CDATA[//><!--
    //图片滚动列表
    var Speed = 5; //速度(毫秒)
    var Space = 10; //每次移动(px)
    var PageWidth = 98; //翻页宽度,如果要滚动范围更多，则可以乘以显示的图片数量，如
遮罩区显示 5 张,可以乘以 5
    var fill = 0; //整体移位
    var MoveLock = false;
    var MoveTimeObj;
    var Comp = 0;
    var AutoPlayObj = null;
    GetObj("List2").innerHTML = GetObj("List1").innerHTML;
    GetObj('ISL_Cont').scrollLeft = fill;
    GetObj("ISL_Cont").onmouseover = function() {clearInterval (AutoPlayObj);}
    GetObj("ISL_Cont").onmouseout = function(){AutoPlay();}
    AutoPlay();
    function GetObj(objName){if(document.getElementById){return eval ('document.
getElementById ("'+objName+'")')} else{return eval ('document. all. '+objName)}}
```

```
function AutoPlay(){ //自动滚动
 clearInterval(AutoPlayObj);
 AutoPlayObj = setInterval('ISL_GoDown();ISL_StopDown();',5000); //间隔时间
}
function ISL_GoUp(){ //上翻开始
 if(MoveLock) return;
 clearInterval(AutoPlayObj);
 MoveLock = true;
 MoveTimeObj = setInterval('ISL_ScrUp();',Speed);
}
function ISL_StopUp(){ //上翻停止
 clearInterval(MoveTimeObj);
 if(GetObj('ISL_Cont').scrollLeft % PageWidth - fill != 0){
  Comp = fill - (GetObj('ISL_Cont').scrollLeft % PageWidth);
  CompScr();
 }else{
  MoveLock = false;
 }
 AutoPlay();
}
function ISL_ScrUp(){ //上翻动作
 if(GetObj('ISL_Cont').scrollLeft <= 0){GetObj('ISL_Cont').scrollLeft =
GetObj('ISL_Cont').scrollLeft + GetObj('List1').offsetWidth}
 GetObj('ISL_Cont').scrollLeft -= Space ;
}
function ISL_GoDown(){ //下翻
 clearInterval(MoveTimeObj);
 if(MoveLock) return;
 clearInterval(AutoPlayObj);
 MoveLock = true;
 ISL_ScrDown();
 MoveTimeObj = setInterval('ISL_ScrDown()',Speed);
}
function ISL_StopDown(){ //下翻停止
 clearInterval(MoveTimeObj);
 if(GetObj('ISL_Cont').scrollLeft % PageWidth - fill != 0 ){
  Comp = PageWidth - GetObj('ISL_Cont').scrollLeft % PageWidth + fill;
  CompScr();
 }else{
```

```
    MoveLock = false;
   }
  AutoPlay();
  }
 function ISL_ScrDown(){ //下翻动作
   if(GetObj('ISL_Cont').scrollLeft  >=  GetObj('List1').  scrollWidth)
{GetObj('ISL_Cont').scrollLeft  =  GetObj('ISL_Cont').scrollLeft  -  GetObj
('List1').scrollWidth;}
   GetObj('ISL_Cont').scrollLeft += Space ;
  }
 function CompScr(){
 var num;
 if(Comp == 0){MoveLock = false;return;}
 if(Comp < 0){ //上翻
  if(Comp < -Space){
   Comp += Space;
   num = Space;
  }else{
   num = -Comp;
   Comp = 0;
  }
  GetObj('ISL_Cont').scrollLeft -= num;
  setTimeout('CompScr()',Speed);
 }else{ //下翻
  if(Comp > Space){
   Comp -= Space;
   num = Space;
  }else{
   num = Comp;
   Comp = 0;
  }
  GetObj('ISL_Cont').scrollLeft += num;
  setTimeout('CompScr()',Speed);
 }
 }
 //--><!]]>
 </script>
   <!--滚动logo结束-->
```

主体内容右侧栏目分为两个模块，购物公告模块和促销活动模块，购物公告模块代码如下：

```
<div class="right_1">
        <h3>购物公告 </h3>
            <dl>
            <dt><img src="images/top_10.jpg" /></dt>
            <dd><a href="#">【团购】HI-TEC 户外排汗衬衫 </a></dd>
             <dd><a href="#">【活动】雅培特价一周</a></dd>
              <dd><a href="#">【团购】HI-TEC 户外排汗衬衫</a></dd>
        </dl>
    </div>
```

促销活动模块代码如下：

```
<DIV class="pbox">
   <UL class="prolist fl">
    <LI><A href="#"><SPAN class=hl2>[特卖] </SPAN>夏日低价风潮最 IN 搭配</A></LI>
    <LI><A href="#"><SPAN class=hl2>[特卖] </SPAN>96 款夏季女装1.8 价</A></LI>
    <LI><A href="#"><SPAN class=hl2>[新品] </SPAN>89 元抢购韩版气衣裙</A></LI>
    <LI><A href="#"><SPAN class=hl2>[新品] </SPAN>2 折抢 LINCTEX 夏装</A></LI>
   </UL>
   <UL class="prolist fl">
    <LI><A href="#"><SPAN class=hl2>[疯抢] </SPAN>开衫和背心裙超值组 59 元</A></LI>
    <LI><A href="#"><SPAN class=hl2>[疯抢] </SPAN>突破价格底限全场 新品 1</A></LI>
    <LI><A href="#"><SPAN class=hl2>[特卖] </SPAN>休闲淑女装 3 折限抢购</A></LI>
    <LI><A href="#"><SPAN class=hl2>[疯抢] </SPAN>￥499 卖 99 连衣裙限 </A></LI>
   </UL>
 </DIV>
```

其余页面设计不再赘述，请参考代码自行设计制作。

3. 二级页面的制作

首页完成之后，我们可以创建模板，完成二级页面的设计与制作。

（1）商品展示页面制作

从模板中创建商品展示页，命名为"list.html"，存放于电子商务网站站点下。

本页主体内容部分包括左右两个栏目，左边为商品分类列表，右边为商品展示区。

其中，左侧商品分类列表没有采用<ul>标签设计，而是采用了<dl>标签。

< dl></ dl>用来创建一个普通的列表。

< dt></ dt>用来创建列表中的上层项目。

< dd></ dd>用来创建列表中最下层项目。

< dt></ dt>和< dd></ dd>都必须放在< dl></ dl>标志对之间。

代码如下：

```
<dl>
```

```
<dt>运动鞋</dt>
<dd><a href="#">运动休闲鞋(3160)</a></dd>
<dd><a href="#">跑步鞋(2060)</a></dd>
<dd><a href="#">篮球鞋(904)</a></dd>
<dd><a href="#">足球鞋(297)</a></dd>
<dd><a href="#">运动拖鞋(193)</a></dd>
<dd><a href="#">其它(182)</a></dd>
<dd><a href="#">运动凉鞋/沙滩鞋(100)</a></dd>
<dd><a href="#">乒乓球鞋(57)</a></dd>
<dd><a href="#">全能鞋(27)</a></dd>
    <dt>品牌</dt>
<dd><a href="#">阿迪达斯/ADIDAS</a></dd>
    <dd><a href="#">运动休闲鞋(3160)</a></dd>
<dd><a href="#">跑步鞋(2060)</a></dd>
<dd><a href="#">复古鞋/板鞋(1955)</a></dd>
<dd><a href="#">篮球鞋(904)</a></dd>
<dd><a href="#">其它(182)</a></dd>
<dd><a href="#">运动凉鞋/沙滩鞋(100)</a></dd>
<dd><a href="#">乒乓球鞋(57)</a></dd>
<dd><a href="#">全能鞋(27)</a></dd>

    <dt>商品促销类型</dt>
<dd><a href="#">阿迪达斯/ADIDAS</a></dd>
<dd><a href="#">运动休闲鞋(3160)</a></dd>
<dd><a href="#">跑步鞋(2060)</a></dd>
<dd><a href="#">篮球鞋(904)</a></dd>
<dd><a href="#">网球鞋(576)</a></dd>
<dd><a href="#">训练鞋(526)</a></dd>

<dt>价格区间</dt>
<dd><a href="#">151-300 (2917)</a></dd>
<dd><a href="#">301-500 (1315)</a></dd>
<dd><a href="#">501-1000 (722)</a></dd>
<dd><a href="#">50 以下 (67)</a></dd>
<dd><a href="#">不限 (16)</a></dd>

<dt> </dt>
<dt> </dt>
    </dl>
```

　　右边栏目商品展示区又分为上、中、下 3 部分，其中，中间部分又划分为左、右两个栏目。结构代码如下：

```
<div class="column_min">
    <div class="column_min_t"></div>
    <div class="column_min_m"></div>
    <div class="column_min_le"></div>
    <div class="column_min_right"></div>
    <div class="column_min_b"></div>
</div>
```

（2）商品详情页面制作

　　从模板中创建商品展示页，命名为"show.html"，存放于电子商务网站站点下。

　　本页主体内容部分包括左右两个栏目，与商品展示页布局类似，因此不再赘述，需要注意的是，本页设置了一个图片放大功能，便于用户查看商品。

```
<div id=preview>
    <div class=jqzoom id=spec-n1 onClick="window. Open ('http://www. google. com')">
        <IMG height=390 src="images/img02.jpg" jqimg="images/img02.jpg" width=420>
    </div>
    </div>
```

　　实现放大镜效果的代码如下：

```
/*放大镜 css*/
#preview
{
 float:none; text-align:center; width:420px; float:left;
}
.jqzoom
{
 width:420px; height:390px;
 position:relative;
 border:solid #ddd 1px;
}/*显示大图*/

#spec-n5
{width:420px;
 height:56px;
 padding-top:6px;
 overflow:hidden;
}/*小图列表容器*/

#spec-left
```

```
{
 background:url(images/left.gif) no-repeat;
 width:10px;
 height:45px;
 float:left;
 cursor:pointer;
 margin-top:5px;
}/*小图列表左边按钮*/

#spec-right
{
 background:url(images/right.gif) no-repeat;
 width:10px; height:45px;
 float:left;cursor:pointer;
 margin-top:5px;
}/*小图列表右边按钮*/

#spec-list
{ width:392px; float:left;
overflow:hidden;
margin-left:2px; display:inline;
 margin-right:6px;position:relative;
}/*小图容器*/

#spec-list ul li
{
 float:left;
 margin-right:0px;
 display:inline;
 width:62px;
}
#spec-list ul li img
{
 padding:2px ; border:1px solid #ccc;
 width:50px;
 height:50px;
}/*小图尺寸*/
#spec-list div
{
```

```
 margin-left:-40px;
 margin-left:0;
}/*为兼容 ff 设置样式*/


/*jqzoom*/
.zoomdiv
{
 z-index:100;position:absolute;
 top:1px;left:259px;
 background:url(../images/ajax-loader.gif) #fff no-repeat center center;
 border:1px solid #e4e4e4;display:none;
 text-align:center;overflow: hidden;
}/*放大图容器*/
.bigimg
{width:800px;height:800px;}/*放大图尺寸*/


.jqZoomPup
{
 z-index:10;visibility:hidden;
 position:absolute;
 top:0px;left:0px;
 width:50px;height:50px;
 border:1px solid #aaa;
 background:#FEDE4F 50% top no-repeat;
 opacity:0.5;
 -moz-opacity:0.5;
 -khtml-opacity:0.5;
 filter:alpha(Opacity=50);
 cursor:move;
}/*放大镜移动块效果*/
/*放大镜 css 结束*/
```

（3）会员注册、登录页面制作

从模板中创建会员注册、登录页面，分别命名为"register.html"和"login.html"，并存放于电子商务网站站点下。

主体内容均为一个表单页面，用于收集会员信息，代码如下：

```
<div id="land_c">
<div class="lan_c_tit">
<h3>会员注册</h3>
</div>
```

```
<div class="lan_c_con_a">
<div class="field top">
  用户名<input name="" type="text" class="text" />
</div>
<div class="field">
设置密码<input name="" type="text" class="text" />
</div>
<div class="field">
确认密码<input name="" type="text" class="text" /></div>
<div class="field">验证码<input name="" type="text" class="texta" /></div>
<div class="land_an"><input name="" type="button" class="an" /></div>
</div>
<div class="lan_c_down">
</div>
</div>
```

8.1.4 项目小结

本项目从一个网页设计者的角度，设计了一个完整的电子商务网站。在设计制作的过程中，综合运用了前面各章节的知识。从网站层次划分，到页面框架布局设计，再到内容的完成添加，以及动态效果的脚本代码实现，都需要灵活运用所学的知识，不断地提升网页设计和制作的水平。

8.2 拓展项目：HTML 5 移动前端开发

随着浏览器厂商对互联网浏览器思路的改进，诞生了 HTML 标准的原型，通过近几年的发展，HTML 标准已经到第五代——HTML 5。

HTML 5 对互联网的很多方面做了改进，使网站具备更丰富的功能，让互联网访问变得更加安全和高效。目前一些旧版本浏览器对 HTML 5 的支持不是很好，但新一代的浏览器如 IE 9、Chrome 6、Firefox 4 等已经开始全面地扩展对 HTML 5 的支持。

HTML 5 主要适用于基于信息流方式及类似方式的应用开发，比如微博、社交、新闻、地图、导航等。由于信息流架构应用都是直接在 Web（或 wap）端抓取数据，因此 HTML 5 可以直接使用跨平台数据而不用使用后台 API，从而大大降低研发、维护成本。另外，像地图类应用能充分发挥 HTML 5 对于离线缓存及地理定位方面的功能，将地图下载到本地，然后配合定位进行搜索、导航等功能，从而大大节省网络流量。

8.2.1 项目任务

基于 HTML 5 开发一款适应于 iPad4 的移动交互式数字教材。

移动交互式数字教材就是将传统纸质教材内容重新进行富媒体（图片、声音、视频等）编排设计和交互设计，然后面向平板电脑进行全新设计呈现（兼容 PC 和笔记本电脑），为学生提供内容更丰富、形式更生动的精致化全新教材。

8.2.2 项目准备

相对于 HTML4，HTML 5 新特性主要表现在以下几个方面。

1. 更新了文档声明类型

目前大多网页还在使用 XHTML1.0，它需要在第一行进行文档类型的声明，形式如下：

```
<!DOCTYPE html PUBLIC "-//W3C//DTD XHTML 1.0 Transitional//EN"
"http://www.w3.org/TR/xhtml1/DTD/xhtml1-transitional.dtd">
```

HTML 5 简化了很多细微的语法，例如 HTML 5 引入了新的文档类型声明方式：

```
<!doctype html>
```

2. 增加更多的 HTML 组件

HTML 5 中增加了更多的 HTML 组件，为网页开发提供更好的、更精确的方式来描述数据对象。以网站布局搭建为例，HTML4 与 HTML 5 的实现对比图如图 8-9 所示。

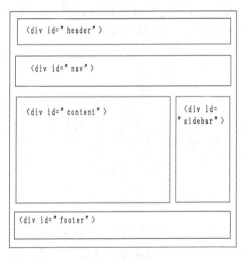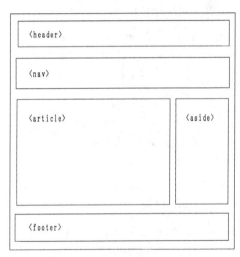

图 8-9　HTML4 与 HTML5 的实现布局搭建对比图

HTML 5 设计的一个原则是更好地体现网站的语义性。

相比于 HTML4 中 DIV 布局搭建，对于浏览器来说，所有的一切都是一个<div>元素，浏览器平等对待<div>元素里面的内容，而 HTML 5 增加了更清晰和更符合语意的标记，例如<header>标签定义文档的页眉、<nav> 标签定义导航链接的部分、<article>标签规定独立的自包含内容、<aside> 标签可定义文章的侧栏、<footer>标签定义文档或节的页脚。这些 HTML 5 中新定义的标签用来明确表示网页的结构，浏览器能够清晰区分网页的各个部分，从而增强了标记的互用性，比如搜索引擎能更精确地确定页面上什么内容比较重要；忽略掉通常不包含页面的重要内容的<nav>元素和<footer>标记，从而提高了搜索引擎的效率。

3. 关联了图形元素及其注释

在 HTML4 或 XHTML 中，没有将文字和图片内在联系起来，用来修饰图片的注释代码如下：

```
<img src="path/to/image" alt="About image" />
<p>Image of Mars. </p>
```

在 HTML 5 中引入了<figure>元素，当<figure>和<figcaption>结合起来后，就可以语义化地将注释和相应的图片联系起来。

```
<figure>
  <img src="path/to/image" alt="About image" />
  <figcaption>
      <p>This is an image of something interesting. </p>
  </figcaption>
</figure>
```

4. Hgroup 元素

在 HTML 5 中，有许多新引入的元素，hgroup 就是其中之一。假设网站名下面紧跟着一个子标题，可以用<h1>和<h2>标签来分别定义。然而，这种定义没有说明这两者之间的关系。并且 h2 标签的使用会带来更多问题，比如该页面上还有其他标题的时候。

在 HTML 5 中，我们可以用 hgroup 元素来将它们分组，这样就不会影响文件的大纲。

```
<header>
  <hgroup>
      <h1> Recall Fan Page </h1>
      <h2> Only for people who want the memory of a lifetime. </h2>
  </hgroup>
</header>
```

5. Section 元素

<section> 标签是 HTML 5 中的新标签，它用于定义文档中的节（section、区段）。比如章节、页眉、页脚或文档中的其他部分。section 元素标签用来表现普通的文档内容或应用区块。一个 section 通常由内容及其标题组成，但 section 元素标签并非一个普通的容器元素；当一个容器需要被直接定义样式或通过脚本定义行为时，推荐使用 div 元素而非section。

6. Canvas 支持

HTML 5 的 canvas 元素本身没有绘图能力，必须使用 JavaScript 在网页上绘制图像，拥有多种方法，可以绘制路径、矩形、圆形、字符，还可添加图像。

canvas 元素使用 JavaScript 在网页上绘制一个红色矩形的代码如下：

```
<canvas id="myCanvas" width="200" height="100"></canvas>
canvas 元素的。所有的绘制工作必须在 JavaScript 内部完成：
<canvas id="myCanvas" width="200" height="100"></canvas>
<script type="text/javascript">
 var c=document.getElementById("myCanvas");/*JavaScript 使用 id 来寻找
canvas 元素*/
```

```
var cxt=c.getContext("2d");/*创建 context 对象*/
cxt.fillStyle="#FF0000";/*设置填充色为红色*/
cxt.fillRect(0,0,150,75);/*设置填充形状、位置和尺寸*/
```

7. Audio 支持

目前我们需要依靠第三方插件来渲染音频。HTML 5 的诞生为 Web 开发提供了更加便捷、高效的音频应用——<audio>元素，在 HTML 5 标准网页里面，我们可以运用 audio 标签来完成对声音的调用及播放。

```
<audio autoplay="autoplay" controls="controls">
<source src="file.ogg" />
<source src="file.mp3" />
<a href="file.mp3">Download this file.</a>
</audio>
```

当前，HTML 5 Audio 标签支持 3 种格式的音频，分别是 WAV、MP3 和 Ogg 格式，而目前主流浏览器对它们的支持如下：

	IE 9	Firefox 3.5	Opera 10.5	Chrome 3.0	Safari 3.0
Ogg Vorbis		√	√	√	
MP3	√			√	√
WAV		√	√		√

8. Video 支持

HTML 5 中不仅有<audio>元素，而且还有<video>元素。通过 HTML 5 的 Video 标签语法，我们可以快速地在网页中嵌入影片。

在旧版本中，除了要准备相关的影音文件外，还要考虑如何让浏览器能自动判断播放的格式，在 HTML 5 中，我们不需要通过 JS，或者浏览器特有的属性来作判断，也不用再写任何的判断式来辨别打开的浏览器类型，它会自动抓取浏览器所支持的格式文件，直接通过 HTML 5 的开放式标签，会自动依照不同浏览器播放不同的影音格式，使用非常方便，而我们要做的就是把不同格式的文件准备好。

HTML 5 Video 开放式标签用法如下：

```
<video controls preload>
<source src="cohagenPhoneCall.ogv" type="video/ogg; codecs='vorbis, theora'" />
<source src="cohagenPhoneCall.mp4" type="video/mp4; 'codecs='avc1.42E01E,
mp4a.40.2'" />
  <p> Your browser is old. <a href="cohagenPhoneCall.mp4">Download this video
instead.</a> </p>
</video>
```

当前，video 元素支持 3 种视频格式：

格式	IE	Firefox	Opera	Chrome	Safari
Ogg	No	3.5+	10.5+	5.0+	No
MPEG 4	9.0+	No	No	5.0+	3.0+
WebM	No	4.0+	10.6+	6.0+	No

HTML 还有许多新特性，需要大家在具体实践中多摸索，使用这些特性制作出更加优秀的网站。

8.2.3 项目实施

1. 移动设备页面大小设置

应用 viewport 来设置适应移动设备屏幕大小，其代码如下：

```
<meta name="viewport" content="width=718,user-scalable=no"/>
```

说明

viewport 虚拟窗口是在 meta 元素中定义的，其主要作用是设置 Web 页面适应移动设备的屏幕大小。该代码的主要作用是自定义虚拟窗口，同时不允许用户使用手动缩放功能。

2. 电子书籍页面章头制作

利用<header> 标签定义电子书籍页面章头，其代码如下：

```
<header>
<div class="header-img-text">
  <div class="header-img-title">
    <span class="border_corl"></span>
        导    读：
  </div>
  <div class="header-img-title-cont">本章简单阐述了****</div>
  <div class="header-img-title">
  <span class="border_corl"></span>目的和要求：</div>
  <div class="header-img-title-cont">通过本章的学习，主要让学生了解***。</div>
  </div>
</header>
```

<header> 标签是 HTML 5 中的新标签。<header>标签定义文档的页面组合，通常是一些引导和导航信息。此部分中引用的样式定义在外部文件"style.css"中，其代码如下所示：

说明

```css
.header-img-text{
width: 400px;
height: 300px;
position: absolute;
top: 90px;
right: 30px;
}

.header-img-title{
font-size: 16px;
font-weight: bold;
color: #fff;
margin-top: 18px;

}

.header-text{
background-color: #6380A7;
padding-top:50px;
padding-bottom: 60px;
color: #fff;
}
.header-img-title-cont{
color: #fff;
padding-left: 18px;
padding-right: 50px;
font-size: 16px;
text-indent: 2em;
line-height: 150%;
}
```

3．电子书籍文本内容制作

<article> 标签是 HTML 5 的新标签，article 字面意思为"文章"，在 Web 页面中表现为独立的内容，如一篇新闻、一篇评论、一段名言或一段联系方式。这其中包括两方面，一为整个页面的主旨内容，另外就是一些辅助内容。article 可以嵌套，即 article 里面还可

以包含 article，此时内 article 应该跟外 article 有一定的关联性。

<section> 标签是 HTML 5 中的新标签，用于定义文档中的节。比如章节、页眉、页脚或文档中的其他部分。section 元素用于对网站或应用程序中页面上的内容进行分块。

```
<article>
    <div style="height:330px;">
        <section>采用图像可以减少纯文字给浏览用户面带来的枯燥感，图像在网页中的主要功
能：提供信息、展示作品、装饰网页、表现风格和超级链接。</section>
        <section>网页中使用的图像主要是 GIF、JPEG、PNG 等格式。</section>
        <section>文本和图像是网页中二个最基本的构成元素，也是每个网站最基本的元素。
</section>
    </div>
</article>
```

文本内容制作效果如图 8-10 所示。

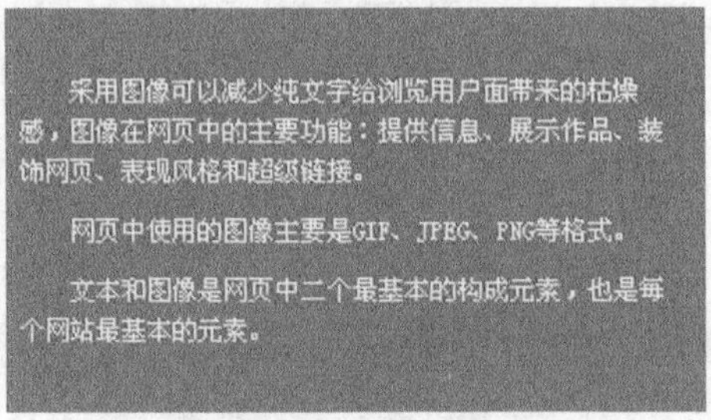

图 8-10　电子书籍文本制作效果

4．电子书籍图文混排制作

<figure> 标签是 HTML 5 中的新标签，它用来表示网站制作页面上一块独立的内容，将其从网页上移除后不会对网页上的其他内容产生影响。figure 表示的内容可以是图片、统计图或代码示例。

```
<div class="chapter-bg">
<figure class=" has-large-image " data-img-src=" /c02/ images/ c0201-001-0.
jpg" data-title="    站点目录结构" data-desc="设置站点的一般
做法是在本地磁盘创建一个包含站点所有资源的文件夹，然后在这个文件夹中创建多个子文件夹，将所
应用的资源分门别类存储到相应的文件夹下，也可以根据需要创建多级文件夹。">
    <img src="images/c0201-001-0-s.jpg" alt="" style="width: 560px; height:
422px;"/>
    </figure>
    <div class="description">
    <div class="description-text2">站点目录结构</div>
    <div class="description-text3">设置站点的一般做法是在本地磁盘创建一个包含站点所
有资源的文件夹，然后在这个文件夹中创建多个子文件夹，将所应用的资源分门别类存储到相应的文件
夹下，也可以根据需要创建多级文件夹。</div>
```

```
</div>
</div>
```

这部分样式定义于外部文件"style.css"中，如下代码所示：

```
.chapter-bg{
 background-color: #fff;


 padding: 30px 26px 0px 26px;
 border-bottom: 1px solid #C8C8C8;
}
.description{
 margin-top: 10px;


 padding-bottom: 30px;
}
.description-text2{
 color: #E1712F;
 font-size: 16px;
 height: 20px;
 line-height: 20px;
 margin-bottom: 16px;
}
.description-text3{
 color: #595757;
 font-size: 14px;
 padding-right: 4px;


}
```

电子书籍图文混排效果如图 8-11 所示。

图 8-11 图文混排效果图

5. 电子书籍气泡状文本框制作

气泡状文本框，是一种很生动的网页设计手段。这种设置方式便于拓展学生知识的深度，当我们单击气泡框右下角的百度图片时，将在线进入百度百科，便于进一步学习相关具体内容。气泡状文本框制作最终显示效果如图 8-12 所示。

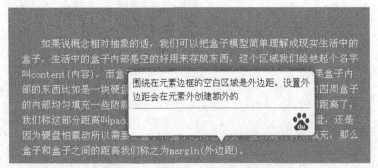

图 8-12　气泡状文本框制作效果图

气泡状文本框实现的代码如下：

```
<h2>3.3.5 DIV 盒子模型</h2>
        <section>如果说概念相对抽象的话，我们可以把盒子模型简单理解成现实生活中的盒
子，生活中的盒子内部是空的好用来存放东西，这个区域我们给它起个名字叫 content(内容)，而盒子
的纸壁给它起个名字叫 border(边框)，如果盒子内部的东西比如是一块硬盘，但是硬盘怕震动，所以
我们需要在硬盘的四周盒子的内部均匀填充一些防震材料，这时硬盘和盒子的边框就有了一定的距离了，
我们称这部分距离叫 padding(内边距)，如果我们需要购买许多块硬盘，还是因为硬盘怕震动所以需要
在盒子和盒子之间也需要一些防震材料来填充，那么盒子和盒子之间的距离我们称之为 margin(<span
class="popup-text popup-word" data-popup-text="围绕在元素边框的空白区域是外边距。
设置外边距会在元素外创建额外的"空白"。" data-baidu-keyword="CSS 外边距">外边距
</span>)。
        </section>
```

其中，"data-popup-text"属性的值为鼠标停止文字上单击后在气泡框中显示的文本，"data-baidu-keyword"属性的值为鼠标单击右下角百度图片的时候，在百度词条里搜索的关键字。

气泡框 CSS 样式设置的代码如下：

```
/*................popup.....................*/


.popup-text {
border-bottom: 1px solid #E1712F;
cursor: pointer;


font-size: inherit;
text-indent: 0px;

}
```

```
.popup-text-down {
background-color: #c0c0c0;
}
.popup-img {
width: 18px;
height: 18px;
vertical-align: -2px;


}


@-webkit-keyframes glow {
30% {-webkit-transform: scale(1.1);}
70% {-webkit-transform: scale(0.95);}


}



#popup-window-box {
position: absolute;
display: none;
top: 0px;
left: 0px;
z-index: 100;
-webkit-animation-name: glow;
-webkit-animation-duration: 0.2s;
-webkit-animation-timing-function: ease-in-out;
-webkit-user-select:none;
}
#popup-window {
top: 16px;
left: 0px;
width: 320px;
height: auto;
box-shadow: 0 0 20px #434343;
border: 2px solid #316ba1;
border-radius: 8px;
background-color: #fff;
padding: 8px;
```

```
 font-size: 16px;
 -webkit-user-select:none;
 display: block;
}

#popup-window-button-bar {
 border-top: 1px solid gray;
 margin-top: 8px;
 padding-top: 8px;
 text-align:right;
}

.popup-window-button {
 width: 32px;
 height: 32px;
 border-width:0px;
 border-radius: 4px;
 cursor: pointer;
 float: right;
 margin-left:6px;
}

#popup-content {
 font-size: 16px;
 line-height: 150%;
}


#popup-window-arrow-up{
 position: relative;
 width:16px;
 height:16px;
 display: block;
 left:110px;
 margin-bottom: -2px;
}
#popup-window-arrow-down{
 position: relative;
 width:16px;
```

```
height:16px;
display: block;
left:110px;
top: 0px;
margin-top: -2px;
}
```

6. 电子书籍画廊制作

在电子书籍中经常采用画廊来展示图片，其代码如下：

```html
<article>
    <div class="gallery-d1" style="height:748px;">


        <img class="gallery-d1-img" style="height:348px; width:620px;"
src="images/c0102-001-s.jpg" alt="" data-title="图 1.2    
综合性门户网站" data-desc="综合性门户网站。"/>
        <div class="img-bg" style="width:620px; top: 308px;"></div>
        <div class="img-text" style="width:620px; top: 308px;">图 1.2 
   综合性门户网站</div>
        <img class="gallery-d1-img" style="height:440px; width:620px;
position: absolute; top:348px;" src="images/c0102-005-s.jpg" alt="" data-
title="图 1. 3     商务类网站" data-desc="商务类网站。"/>
        <div class="img-bg" style="width:620px; top: 748px;"></div>
        <div class="img-text" style="width:620px; top: 748px;">图 1.3 
   商务类网站</div>
    </div>


</article>
```

画廊 CSS 样式设置代码如下：

```css
/*...................gallery......................*/
.gallery-d1{
-webkit-user-select:none;/* 禁止用户进行复制.选择*/
}
.gallery-d1 > img.down {

 opacity: 0.7; /*设置元素的不透明级别*/
}
```

画廊制作最终效果如图 8-13 所示。

图 8-13　画廊制作效果图

7. 电子书籍视频制作

在电子书籍中添加视频素材的代码如下：

```
<!--以下代码用于添加视频素材-->

<div class="video-box-9">
  <img    src="images/c0202-000-s.jpg"    style="width:620px;height:200px;"
alt="">

        <div class="video-line"></div>
        <div class="video-button" style="top:70px;left:500px; " data- video- title="

雕塑的制作工艺" data-video-file="misc/c0202-001-0.mp4">
        </div>
        <div class="video-title"></div>
        <div class="video-title-text" style="width:500px;    ">扩展视频学习
<span style="letter-spacing: -1px;">——</span>DIV 盒子模式</div>
```

视频 CSS 样式设置的代码如下：

```
.video-box-9 {
 margin-top: 30px;
 width: 620px;
 height: 200px;
 position: relative;
 overflow: hidden;
}
.video-box-9 .video-right {
 width: 128px;
 height: 200px;
 /*background-color: #00579c; */
 background-color:#069;
 opacity: 0.9;
 position: absolute;
 top: 0px;
 right: 50px;
}
.video-box-9 .video-title {
 position: absolute;
 bottom: 0px;
 right: 0px;
 background-color: #000;
 opacity: 0.5;
 width: 620px;
 height: 30px;
}
.video-box-9 .video-title-text {
 position: absolute;
 bottom: 0px;
 left: 20px;
 line-height: 30px;
 color: #fff;
 font-size: 18px;
}
```

视频效果如图 8-14 所示。

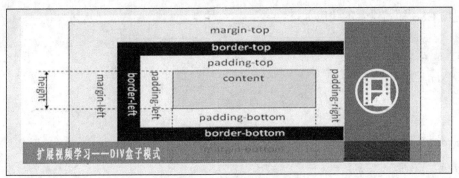

图 8-14　视频制作效果图

8.2.4　项目小结

本项目基于 HTML 5 实现了一款移动端数字教材基本制作方法，交互式数字化教材已成为时下出版界争相追逐的新兴领域，为多媒体带来了全方位、宽领域、多趣味的海量信息，并能在存储处理、选择、运用方面做到智能化和快捷化，将其利用在教学上无疑能起到前所未有的积极作用。